R-구조방정식 모델링

Structural Equation Modeling with R

김계수 지음

한나래아카데미

R - 구조방정식모델링

지은이 | 김계수
펴낸이 | 한기철

2015년 12월 10일 1판 1쇄 박음
2019년 2월 15일 1판 2쇄 펴냄

펴낸곳 | 한나래출판사
등록 | 1991. 2. 25 제22-80호
주소 | 서울시 마포구 토정로 222 한국출판콘텐츠센터 309호
전화 | 02-738-5637 · 팩스 | 02-363-5637 · e-mail | hannarae91@naver.com
www.hannarae.net

ⓒ 2015 김계수
published by Hannarae Publishing Co.
Printed in Seoul

ISBN 978-89-5566-188-0 93310

* 이 도서의 국립중앙도서관 출판시도서목록(CIP)은 서지정보유통지원시스템 홈페이지(http://seoji.nl.go.kr)와
국가자료공동목록시스템(http://www.nl.go.kr/kolisnet)에서 이용하실 수 있습니다.
(CIP제어번호: CIP2015031153)

R-구조방정식모델링으로
가치 창출을 희망하는 분들에게

어느 기업의 CEO가 "소유하는 것이 사용하는 것(use it when own it)이던 시대에서 사용하는 것이 소유하는 것(own it use)인 시대가 도래했다."라고 이야기한 신문 기사를 보았다. 이 CEO의 말처럼 우리는 사용해야 소유하는 시대를 살고 있다. 한편에서는 가치 창출을 위해서 부단히 진입 장벽을 구축하기도 하지만 또 다른 한편에서는 개방과 공유를 강조하며 자신의 결과물을 공개하고 있다. 통계 프로그램도 마찬가지여서 R을 비롯한 우수한 무료 소프트웨어가 출시되고 있다.

저자는 이러한 시대를 감히 '스마트 시대'라고 명명하고자 한다. 스마트한 시대에 개인이 아무런 준비를 하지 않으면 머지않아 허송세월을 보낸 자신을 발견하게 될 것이다. 개인은 스마트한 시대를 맞이하여 스마트하게 살아가기 위해 끊임없이 학습하고 혁신해야 한다.

우리는 다양한 R 통계 프로그램 중에서 자신에게 맞는 구조방정식모델 분석 프로그램을 선택할 수 있는 선구안을 갖추어야 하고, 이를 이용하여 가치 창출을 할 수 있도록 지속적인 훈련을 하여야 한다.

스마트한 시대의 특징은 하루가 다르게 급변한다는 것이다. 이러한 환경을 개인이 통제하기란 여간 어려운 일이 아니다. 하지만 우리는 "바람의 방향을 바꿀 순 없어도 돛을 조정하는 것은 가능하다."라는 인도 속담을 기억하고, 목적과 방향을 제대로 잡고 노력과 용기로 담대히 앞으로 나아가야 한다.

본서를 이용하면 전문가가 아니더라도 쉽게 구조방정식모델을 분석할 수 있다. R 프로그램으로는 수집된 데이터를 이용하여 원스톱(one-stop)으로 구조방정식모델 분석을 할 수 있다. 이에 책 제목을 ≪R-구조방정식모델링(Structural Equation Modeling with R)≫으로 정했다. 본서에서는 설문 작성부터 구조방정식모델 연구모형, 분석, 결과 해석, 전략이나 시사점 도출 방법 등 구조방정식모델링과 관련한 전반적인 내용을 다뤘다.

본서를 통해서라면 구조방정식모델에 전문 지식이 없는 일반인도 구조방정식모델을 손쉽게 분석할 수 있다. 또한 최근 이슈가 되고 있는 빅데이터도 분석할수 있다. R 프로그램은 무료 소프트웨어로, 분석자가 조금만 노력하면 최대의 가치를 창출할 수 있다.

연구자들은 복잡한 환경하에서의 분석방법으로 구조방정식모델을 선호하고있다. 구조방정식모델링의 미학은 연결(link)에 있다. 개념(요인)과 개념(요인)의 연결, 사람과 사람의 연결은 일의 맥락을 쉽게 파악하게 해준다. 연구자는 복잡한현상을 통합 지식과 창의 역량을 동원하여 연구모형을 수립한다. 이를 표본자료에 적합시켜 연구모형의 적합성 여부를 판단하고, 유의한 경로를 발견하려 한다.유의한 경로는 체계적인 전략 수립 및 시사점 도출을 위한 중요한 정보이다.

본서의 특징은 R 프로그램으로 구조방정식모델을 분석하려 했다는 점이다.R은 오픈 소스, 수많은 사람들이 참여하여 만든 통계적 컴퓨팅, 프로그램의 확장성, 그래픽 역량 우수 등 특장점을 갖고 있다. R에서는 소스 코드를 모두 공개해야하기 때문에 외부 개발자들이 응용할 수 있는 범위가 그만큼 커진다. 소스 코드를습득한 연구자는 통계 결과물을 손쉽게 만들어낼 수 있다. 단점이라면 명령문 스크립트를 입력해야 한다는 점이다. 하지만 무료인데 이 정도는 감수해야 하지 않겠는가?

앞에서 이야기한 것처럼, 본서는 구조방정식모델을 처음 배우는 사람들을 위한 기초 지식부터 중고급, 심층 지식까지 구조방정식모델링 전반에 대한 내용을 담고 있다. 특히 R 프로그램의 설치 및 구글 드라이브를 통해서 설문 자료를 회수하는 방법, 구조방정식모델의 기본 및 중고급 내용(집단분석, 매개효과분석, 잠재성장모델링, PLS 분석)을 심도 있게 다루었다. 또한 모든 장에는 연습문제를 두어 배운 내용을 정리할 수 있는 기회를 제공하였다. 물론 해답지도 제공하고 있다.

자극은 발전의 원천인가 보다. 통계 프로그램 회사의 연구원이 이런 이야기를 한 적이 있다.

"김 교수님이라면 R 프로그램으로 구조방정식모델을 분석하는 방법을 아실 수 있고, 다른 프로그램과의 장단점을 파악하실 수 있을 것입니다."

그간 학교 일로 바쁘다는 핑계만 대다가 이 말에 어느 순간 해봐야겠다는 결심을 하게 되었다. 그래서 낮에는 학교 일, 밤에는 R 프로그램에 푹 빠지게 되었다. R 프로그램 명령어가 이해가 되지 않을 때는 구글(Google) 그룹스 Lavaan 회원들의 지식 공유가 큰 힘이 되었다. 이때 느낀 점은 진정 세계가 연결되어 있다는 것이었다. 해결되지 않는 문제를 질문하면 지구상의 누군가는 답변을 해주었다. 이에 대한 보답일 수 있다는 믿음으로 저자도 그 누군가의 질문에 열심히 답변을 한 것이 하루 이틀이 아니었다.

본서가 세상에 나오기까지 많은 분들의 도움이 있었다. 모든 분들에게 정말 감사할 따름이다. 한나래출판사 한기철 사장님과 조광재 상무님의 배려에 감사 인

사를 전한다. 한나래출판사 임직원분들의 열정과 헌신에 못 미치는 저자의 실력 부족이 늘 미안하다.

가족의 기도와 사랑은 이 책을 집필하는 동안 정말 큰 도움이었다. 가족은 사랑의 못자리이며, 살아가는 존재 이유이다.

이 책을 통해 구조방정식모델 관련 가치 창출을 염원하는 분들도 감사할 따름이다. 아침에 일어나 성경을 읽으며 기도한다.

'살아 있는 동안 주변 사람들에게 도움이 되게 하소서!'

구조방정식모델링으로 고민하는 분들은 메일과 전화를 주십시오. 여러분에게 조그만 힘이 되도록 하겠습니다.

감사합니다.

2015. 11.

김계수

차례 Contents

1부
기초편

1장 R 패키지와 Rstudio 설치하기

계수's 생각

무엇인가 의미 있는 것을 남기고 죽겠다는 생각이
삶의 태도를 바꾼다.

학습목표 *In This Chapter*

– 프로그램과 Rstudio를 쉽게 설치하는 방법을 익힌다.

– 간단한 예제를 가지고 상관분석과 회귀분석 방법을 실습해본다.

제1절 R 패키지

R 패키지(package)는 기존의 통계 프로그램들과 달리 모두 무료 공유 버전으로, 확장성이 뛰어난 프로그램이다. R 패키지는 R 프로그래밍 언어로 만들어진다. R 프로그래밍 언어(축약 R)는 통계 계산과 그래픽을 위한 프로그래밍 언어이자 소프트웨어 환경을 말한다. 뉴질랜드 오클랜드 대학의 로스 이하카와 로버트 젠틀맨에 의해 시작되어 현재는 R 코어팀이 개발하고 있다. R은 GPL하에 배포되는 S 프로그래밍 언어의 구현으로 GNU S라고도 한다. R은 통계 소프트웨어 개발과 자료분석에 널리 사용되고 있으며, 패키지 개발이 용이하여 통계학자들 사이에서는 통계 소프트웨어 개발에 많이 쓰이고 있다

- 개발자: R 재단
- 최근 버전: 3.2.2(World-Famous Astronaut) / 2015-08-14
- 운영체제: 크로스 플랫폼
- 종류: 프로그래밍 언어
- 라이선스: GNU GPL
- 웹사이트: http://www.r-project.org/

R 패키지 및 R-studio 설치하기

R 프로그램 운용에 관심을 갖고 있는 독자라면 우선 프로그램을 설치하도록 하
자. 분석자는 자신의 컴퓨터 운영체계가 어떤 상태인지 확인하는 것이 중요하다.
잘 모를 경우 **컴퓨터 → 제어판 → 시스템**에서 확인하면 된다.

2.1 R 패키지 설치하기

R 패키지를 설치하기 위해서 연구자는 R-프로젝트 홈페이지(http://www.r-project.
org)를 방문하거나 CRAN(http://cran.r-project.org)을 방문한다.

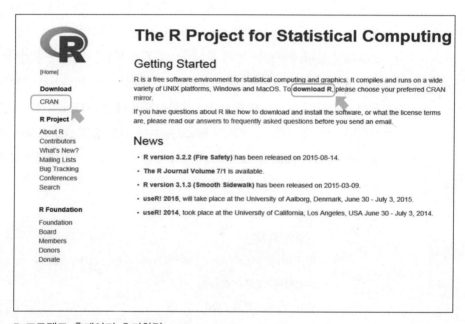

[그림 1-1]   R 프로젝트 홈페이지 초기화면

download R이나 CRAN(Comprehensive R Archive Network)을 클릭한다. 그러면 다음
과 같은 화면을 얻을 수 있다.

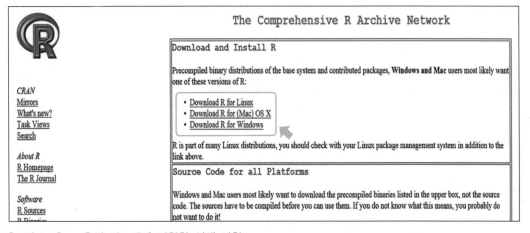

CRAN Mirrors

The Comprehensive R Archive Network is available at the following URLs, please choose a location close to you. Some statistics on the status of the mirrors can be found here: main page, windows release, windows old release.

0-Cloud
    https://cran.rstudio.com/   Rstudio, automatic redirection to servers worldwide
    http://cran.rstudio.com/   Rstudio, automatic redirection to servers worldwide
Algeria
    http://cran.usthb.dz/   University of Science and Technology Houari Boumediene
Argentina
    http://mirror.fcaglp.unlp.edu.ar/CRAN/   Universidad Nacional de La Plata
Australia
    http://cran.csiro.au/   CSIRO
    http://cran.ms.unimelb.edu.au/   University of Melbourne

---생략---

Iran
    http://cran.um.ac.ir/   Ferdowsi University of Mashhad
Ireland
    http://ftp.heanet.ie/mirrors/cran.r-project.org/   HEAnet, Dublin
Italy
    http://cran.mirror.garr.it/mirrors/CRAN/   Garr Mirror, Milano
    http://cran.stat.unipd.it/   University of Padua
    http://dssm.unipa.it/CRAN/   Universita degli Studi di Palermo
Japan
    http://cran.ism.ac.jp/   Institute of Statistical Mathematics, Tokyo
    http://ftp.yz.yamagata-u.ac.jp/pub/cran/   Yamagata University
Korea
    http://cran.nexr.com/   NexR Corporation, Seoul
    http://healthstat.snu.ac.kr/CRAN/   Graduate School of Public Health, Seoul National University, Seoul
    http://cran.biodisk.org/   The Genome Institute of UNIST (Ulsan National Institute of Science and Technology)
Lebanon
    http://rmirror.lau.edu.lb/   Lebanese American University, Byblos

[그림 1-2]   CRAN Mirrors 화면

분석자가 위치한 지역에서 가까운 곳이나 적당한 곳을 지정하면 된다. 여기서는
https://cran.rstudio.com/을 선택하기로 한다.

The Comprehensive R Archive Network

Download and Install R

Precompiled binary distributions of the base system and contributed packages, **Windows and Mac** users most likely want one of these versions of R:

- Download R for Linux
- Download R for (Mac) OS X
- Download R for Windows

R is part of many Linux distributions, you should check with your Linux package management system in addition to the link above.

Source Code for all Platforms

Windows and Mac users most likely want to download the precompiled binaries listed in the upper box, not the source code. The sources have to be compiled before you can use them. If you do not know what this means, you probably do not want to do it!

CRAN
Mirrors
What's new?
Task Views
Search

About R
R Homepage
The R Journal

Software
R Sources
R Binaries

[그림 1-3]   운영 시스템에 적합한 선택 사항

2.2 RStudio 선택하기

R 패키지를 설치하고 난 다음, Rstudio(https://www.rstudio.com/) 홈페이지를 방문하여 설치하면 된다. RStudio는 통계 컴퓨팅과 그래프를 위한 IDE(Integrated Development Environment, 통합개발환경)의 무료 및 개방 소스를 말한다. Rstudio에서는 오픈 소스판(Open Source Edition), 상업용 라이센스판(Commercial License Edition)을 분리해서 제공한다. 오픈 소스는 무료 공유 버전이고 상업용 라이센스는 오픈 소스에 반해 안정성, 보안, 빠른 응답에서 차별성을 갖는다.

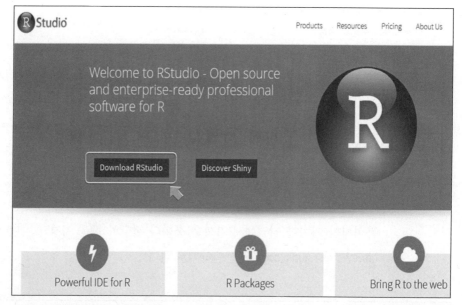

[그림 1-4] RStudio 홈페이지

여기서는 Download Rstudio를 누른다. 그런 다음 DOWNLOAD RSTUDIO DESKTOP을 클릭한다.

2.3 RStudio 실행하기

RStudio를 설치하고 나서 RStudio를 실행하여 보기로 한다. 윈도우(Window)의
RStudio의 첫 화면은 다음과 같다.

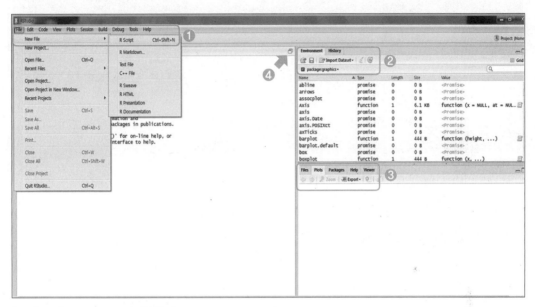

[그림 1–5]   RStudio의 첫 화면

윈도우(Window)의 RStudio의 첫 화면은 세 부분으로 나뉜다. 첫 번째(①)란은 R 프로
그램 전체를 아이콘으로 처리해놓은 부분이다. 두 번째(②)는 Environment(운용환
경)와 History(프로그램 과거 운용 이력) 등이 나타나 있다. 세 번째(③)는 File, Plots,
Package, Help, Viewers가 나타난 창이다. 여기서 ④ 화살표 부분( )을 누르면
왼쪽 하단에 R 콘솔(Console)창이 나온다.

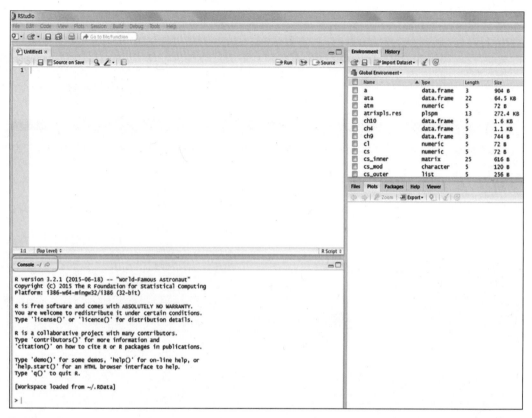

[그림 1-6] RConsole 등장 화면

콘솔(Console)창은 RStudio에서 Package를 설치하거나 운용하는 것, 결과 등을 일
목요연하게 보여주는 기능을 한다.

연습문제

1. R 프로그램과 RStudio를 다운해서 설치해보자.

2. RStudio의 화면 구조를 파악해보자.

2장 데이터 관리

분석을 해볼 것인가 그냥 놔둘 것인가
그것이 문제로다.

학습목표 *In This Chapter*

– 연구조사의 개념을 이해한다.

– 변수의 개념을 이해한다.

– 척도의 개념을 이해한다.

– 데이터 저장 방법을 이해한다.

– R 프로그램으로 기초 통계분석을 할 수 있다.

제1절 연구조사

연구(research)는 문제를 해결하기 위한 기본 과정이다. 어떠한 통계분석을 실시하더라도, 연구조사의 목적과 수행 절차를 올바르게 이해하는 것이 무엇보다도 중요하다. 여기서 연구는 문제해결을 위해서 정보를 얻을 목적으로 현상을 체계적으로 분석하는 절차를 의미한다. 그리고 조사(survey)는 비교적 간단한 연구라고 할 수 있다.

연구자가 연구를 수행하는 목적은 제기된 문제를 잘 이해하거나 또는 합리적인 의사 결정을 내릴 수 있는 지식과 정보를 얻기 위한 것이다. 이론적이든 또는 실제적이든지 간에 연구는 문제를 해결하기 위하여 정보를 얻을 목적으로 이루어진다. 체계적인 연구를 하려면 문제해결의 절차가 논리 정연하여야 하며, 연구의 자료 및 결과가 타당성과 신뢰성을 가지고 있어야 한다. 다시 말하면 자의적인 주관성을 배제하면서 경험적이고 객관적인 사실에 근거한 연구가 되어야 한다.

연구를 수행하는 데 있어 정보 획득에 필요한 기법이나 도구 등은 많이 개발되어 있다. 특히 컴퓨터의 자료처리 능력 덕분에 방대한 자료를 신속하게 정보화할 수 있다. 그리고 전산 시스템을 이용한 새로운 계량분석기법 및 통계분석기법이 개발되어 있다. 이뿐만 아니라 의사소통 방법과 측정기법도 많이 개선되고 있다. 이러한 분석기법의 개선은 경영, 경제, 의학, 생물 등의 연구 분야에 커다란 영향을 주고 있다.

그러면 연구과제가 주어졌을 때 어떠한 절차를 통하여 연구를 진행할 것인가를 생각해보자. 체계적인 연구절차를 네 단계로 구분해보면 다음과 같다.

(1) 문제 제기
(2) 연구설계
(3) 자료수집
(4) 결과 분석 및 해석

문제 제기

첫째, 문제의 제기란 실질적인 중요성과 적합성을 고려하여 문제를 인식하는 것을 의미한다. 연구 임무를 부여받은 연구자는 주어진 문제가 연구할 만한 가치가 있는지 여부를 우선 검토하여야 하며, 또한 이에 대한 지식도 가지고 있어야 한다. 이렇게 하여야만 논리성이 정립되는 기초가 마련된다. 예를 들어, 어느 가전제품회사에서 유통 마진이 계속 떨어지고 있어 이에 대한 대책을 수립한다고 하자. 연구자는 유통이나 소비자에 관한 책, 간행물, 회사 서류 등을 통하여 또는 유사한 연구내용을 알고 있는 사람과 면접을 통하여 이 연구가 가치 있는지 여부를 판단한다. 일반적으로 보면, 문제를 제기하고 인식하는 단계에서는 예비적인 조사 과정에서 연구과제에 대한 지식을 얻는다.

연구설계

둘째, 문제가 제기되면 연구설계의 단계에 들어간다. 연구설계는 연구과제에 관련된 정보의 원천이나 종류를 명확히 밝히는 계획이며, 또한 자료의 수집 및 분석방법을 계획하는 것이다. 앞의 가전제품회사 연구자는 유통관리에 관한 문헌조사를 계획하며, 이 이론을 바탕으로 중요 품목의 제조-보관-판매-배달의 실태를 면담이나 설문지를 통하여 직접 자료를 수집할 것을 고려할 것이다. 분석방법으로는 통계적 기법이나 기타 계량적 기법 이용을 설계할 것이다.

자료수집

셋째, 자료수집 단계에서는 실제로 자료를 모으게 된다. 자료의 수집 과정이 연구의 성패를 좌우할 수 있다. 연구자는 자료수집에 상당한 노력과 시간을 투자해야 한다. 연구자가 고민해야 할 사항 중에서 모든 통계분석은 원천 자료가 중요하다는 사실이다. 통계분석 과정에서 "쓰레기를 넣으면 쓰레기가 나온다(GIGO: Garbage In, Garbage Out)"는 사실을 명심할 필요가 있다. 자료수집의 내용은 한곳에서 얻을 수 있는 비교적 간단한 것에서부터 수개월 혹은 수년 동안 전국적으로 많은 사람을 인터뷰하여 얻는 내용까지 다양하다. 자료의 원천은 책이나 간행물 같은 것이 있는가 하면 대상을 직접 관찰 또는 조사하여 얻는 방법도 있다.

결과 분석 및 해석

넷째, 원하는 자료가 다 모아지면 통계 패키지, 예컨대 Excel이나 SPSS(Statistical Package for Social Science), SAS(Statistical Analysis System)를 이용하여 분석하고 변수들의 연관성을 조사한다. 그리고 연구목적에 맞추어 발견한 내용을 해석한 후에 보고서를 작성한다. 앞의 가전제품회사 연구자의 경우에는 수집된 자료를 바탕으로 원가절감 또는 유통이나 소비자에 대한 서비스 개선 방안을 작성하여 회사에 제출할 것이다.

결과 분석 및 해석의 단계가 끝나면 보고서를 작성하여 연구의뢰자 및 이해관계자에게 보고해야 된다. 보고는 간단 명료하면서 연구의뢰자가 제기한 문제에 명확한 해답을 제시할 수 있어야 한다.

연구

연구는 문제를 해결하기 위한 체계적인 절차이다. 이것을 수행함으로써 문제를 더 잘 이해하거나 의사 결정을 위한 정보를 얻을 수 있다. 연구는 문제 제기, 연구설계, 자료수집, 결과 분석 및 해석 등의 단계를 거친다.

이와 같이 연구는 문제해결을 위하여 진행하게 되는데, 이를 위해서는 자료의 수집과 분석 단계를 거친다. 연구의 신빙성을 입증하려면 반드시 자료를 통하여야 한다. 자료는 어떤 대상에 대한 실험 또는 관찰의 결과로 얻어진 기본적인 사실들로 이루어져 있다. 자료를 체계적으로 수집할 수 있으려면 이에 관련된 개념을 잘 알고 있어야 한다. 이를 위해 다음에서는 변수에 대하여 설명하기로 한다.

제2절   변수

연구 대상이 되는 개체(item 혹은 case)는 특성을 가지고 있다. 이 특성을 나타내는
방법은 여러 가지가 있지만, 연구자가 특별히 더 많은 관심을 가지는 것이 있다.
예컨대, 서울과 도쿄의 대학 신입생들의 체격을 비교하기 위하여 연구자는 체격
을 나타내주는 여러 가지 속성을 생각해볼 수 있다. 여러 가지 속성 중에서 키만
을 고려하여 비교 연구할 수 있다. 그러나 그 외에도 체중, 가슴둘레, 어깨너비, 근
육 상태 등을 변수로 고려하여 자료를 수집·분석할 수 있다.

위의 연구에서 관심 대상인 대학 신입생을 관찰 대상 혹은 개체라고 하며, 개체
에 관한 특성 중에서 연구자가 특별히 관심을 갖는 특성을 요인(factor, variables라고
도 함)이라고 부르며, 이 요인을 나타내주기 위하여 쓰이는 속성을 변수(variable)라
한다. 예컨대, 신입생의 체격은 요인이 되며, 그 요인을 구성하고 있는 키, 체중,
가슴둘레 등은 변수가 된다. 그리고 변수는 변량(variate)이라고도 한다. 변수의 선
택은 연구목적에 따라 다르며, 또한 연구자가 가장 중요하다고 생각하는 것에 따
라 하나 혹은 여러 개가 있을 수 있다. 하나의 변수를 다루는 통계분석을 단일변
량통계분석(univariate statistical analysis), 그리고 여러 개의 변수를 다루는 경우를 다
변량통계분석(multivariate statistical analysis)이라고 한다.

변수는 요인을 구성하고 설명하며, 일정한 측정 단위로 계량화가 가능한 것을 뜻
한다. 예를 들어, 학생이라는 것은 변수가 될 수 없다. 이것은 개체이며 단순한 개
념에 불과하다. 학생은 일반적인 전체 성격만을 나타내며 이것을 측정하고 계량
화할 수 없다. 왜냐하면 학생 그 자체는 어떤 특수한 속성을 나타내고 있지 않기
때문이다. 그러나 학생의 학업성적, 사회에 대한 태도 같은 것은 학생의 특징적인
모습, 즉 특성을 가지고 있으며, 이것은 요인이라고 부른다. 그리고 학업성적이라
는 요인을 설명할 수 있는 국어, 영어, 수학 등은 변수가 된다.

변수는 크게 양적 변수(quantitative variable)와 질적 변수(qualitative variable)로 나누
어 볼 수 있다. 양적 변수란 연구자의 관심 대상이 되는 속성을 수치로 나타낼 수
있는 것을 말한다. 우리나라 국민총생산, 1인당 GNP, 학점, 몸무게 등이 이에 속
한다. 한편, 성별, 직업, 학력 등과 같은 속성은 수치보다는 범주로 표시한다. 이와
같은 변수를 질적 변수라 한다. 그러나 질적 변수는 반드시 범주로만 표시할 수

있는 것은 아니다. 성별 구분에서 남자는 1, 여자는 2로 표기할 수 있다. 이때의 숫자는 일반적인 수치라기보다는 기호에 불과하다. 한편 양적 변수의 표기도 질적으로 표기할 수 있다. 권투 선수의 각 체급이나 월평균 소득액을 上·中·下로 분류한다든지 하는 것은 이에 속한다. 다음의 [표 2-1]은 양적 변수와 질적 변수의 예를 들어본 것이다.

[표 2-1]   양적 변수와 질적 변수의 예

관찰 대상	요인	변수와 자료	변수 종류
학생	학업성적	학점 = 3.41	양 적
회사	수익성	당기순이익/매출액 = 10%	양 적
형광등	품질	수명시간 = 2,000시간	양 적
종업원	性	남, 여	질 적
주식	주가수익률	주가/당기순이익 = 12%	양 적
종업원	의견	찬성, 반대, 모르겠다	질 적

그런데 양적 변수는 이산변수(discrete variable)와 연속변수(continuous variable)로 나눌 수 있다. 이산변수는 각 가구의 자녀 수 또는 어느 학급의 농촌 출신 학생 수와 같이 정수값만 갖는 변수이다. 다시 말하면, 측정척도에서 셀 수 있는 숫자로 표현되는 변수이다. 한편, 사람의 몸무게는 연속변수이다. 사람의 몸무게는 60kg, 60.2kg 등으로 측정될 수 있으며, 더 정확히 하면 소수점 이하로 얼마든지 숫자를 가질 수 있다. 연속변수는 측정척도에서 어떠한 값이라도 취할 수 있는 것으로 무게, 길이, 속도 등이 이에 속한다.

> **이산변수와 연속변수**
>
> 이산변수는 셀 수 있는 숫자로만 값을 가지는 변수이므로 정수값을 취한다. 한편, 연속변수는 일정한 범위 내에서 어떠한 값이라도 취할 수 있다.

제3절 자료

3.1 자료의 의의와 종류

자료는 통계분석의 원재료이다. 이것은 변수를 측정함으로써 결과적으로 얻어진 사실의 묶음이다. 연구자는 필요한 자료를 수집하여 그것이 정확한가 혹은 사용 가능한가에 대하여 평가하여야 한다. 이를 확인하지 않은 채로 실시한 통계분석은 신뢰할 만한 것이 못 된다. 올바른 연구를 위해서는 적절한 자료를 수집하여야 한다. 자료에는 조직 내부에서 수집하는 일상적인 것이 있으며, 정부 또는 사설기관에서 수집하는 경제 및 사회 분야에 관한 것도 있다. 이와 같이 자료란 대상 또는 상황을 나타내는 상징으로서 수량, 시간, 금액, 이름, 장소 등을 표현하는 기본 사실들의 집합을 뜻한다.

자료의 종류는 변수의 종류에 따라 질적 자료와 양적 자료로 나뉜다. 질적 자료(qualitative data)는 질적 변수를 기록한 자료이다. 남·녀로 구분되는 성별, 상·중·하로 나타내는 생활수준, 도시·농촌으로 나타내는 출신 지역 등이 이에 속한다. 그리고 양적 자료(quantitative data)는 양적 변수를 기록한 자료로서, GNP, 경제성장률, 매출액, 몸무게, 평점 등과 같이 수치로 표기할 수 있는 것을 말한다.

3.2 측정과 척도

적절한 자료를 얻으려면 관찰 대상에 내재하는 성질을 파악하는 기술이 있어야 한다. 이를 위해서는 규칙에 따라 변수에 대하여 기술적으로 수치를 부여하게 되는데, 이것을 측정(measurement)이라고 한다. 여기서 규칙이란 어떻게 측정할 것인가를 정하는 것을 의미한다. 예를 들어, 세 종류의 자동차에 대하여 개인적인 선호도를 조사한다고 하자. 자동차에 대하여 개별적으로 좋다-보통이다-나쁘다 중에서 하나를 택하게 할 것인가 혹은 좋아하는 순서대로 세 종류에 대하여 순위를 매길 것인가 등의 여러 가지 방법을 고려해볼 수 있다. 이와 같이 측정이란 관찰 대상이 가지는 속성의 질적 상태에 따라 값을 부여하는 것을 뜻한다.

측정 규칙의 설정은 척도(scale)의 설정을 의미한다. 척도란 일정한 규칙을 가지고 관찰 대상을 측정하기 위하여 그 속성을 일련의 기호 또는 숫자로 나타내는 것을 말한다. 즉, 척도는 질적인 자료를 양적인 자료로 전환시켜 주는 도구이다. 이러한 척도의 예로서 온도계, 자, 저울 등이 있다. 척도에 의하여 관찰 대상을 측정하면 그 속성을 객관화시킬 수 있으며 본질을 명백하게 파악할 수 있다. 그뿐만 아니라 관찰 대상들을 서로 비교할 수 있으며 그들 사이의 일정한 관계를 알 수 있다. 관찰 대상에 부여한 척도의 특성을 아는 것은 중요하다. 왜냐하면 척도의 성격에 따라서 통계분석기법이 달라질 수 있으며, 가설 설정과 통계적 해석의 오류를 사전에 방지 할 수 있기 때문이다.

> **측정과 척도**
>
> 측정이란 관찰 대상의 속성을 질적인 상태에 따라 수치를 부여하는 것이며, 척도는 일정한 규칙을 세워 질적인 자료를 양적인 자료로 전화시켜 주는 도구이다.

척도는 측정의 정밀성에 따라 명목척도, 서열척도, 등간척도, 비율척도 등으로 분류한다. 이를 차례로 설명하면 다음과 같다.

1) 명목척도

명목척도(nominal scale)는 관찰 대상을 구분할 목적으로 사용되는 척도이다. 이 숫자는 양적인 의미는 없으며, 단지 자료가 지닌 속성을 상징적으로 차별하고 있을 뿐이다. 따라서 이 척도는 관찰 대상을 범주로 분류하거나 확인하기 위하여 숫자를 이용한다. 예를 들어, 회사원을 남녀로 구분한다고 하자. 남자에게는 1, 여자에게는 2를 부여한 경우에, 1과 2는 단순히 사람을 분류하기 위해 사용된 것이지 여성이 남성보다 크다거나 남성이 여성보다 우선한다는 것을 의미하지는 않는다. 명목척도는 측정 대상을 속성에 따라 상호 배타적이고 포괄적인 범주로 구분하는데 이용한다. 이것에 의하여 얻어진 척도 값은 네 가지 척도의 형태 중에서 가장 적은 양의 정보를 제공한다.

2) 서열척도

서열척도(ordinal scale)는 관찰 대상이 지닌 속성에 따라 순위를 결정한다. 이것은 순서적 특성만을 나타내는 것으로서, 그 척도 사이의 차이가 정확한 양적 의미를 나타내는 것은 아니다. 예를 들어, 좋아하는 운동 종목을 순서대로 나열한다고 하자. 제1순위로 선정된 종목이 야구이고 제2순위가 축구라고 할 때, 축구보다 야구를 2배만큼 좋아한다고 할 수는 없다. 이것이 의미하는 것은 단지 축구보다 야구를 상대적으로 더 좋아한다는 것뿐이다. 이 척도는 관찰 대상의 비교 우위를 결정하며, 각 서열 간의 차이는 문제 삼지 않는다. 이들의 차이가 같지 않더라도 단지 상대적인 순위만 구별한다. 이 척도는 정확하게 정량화하기 어려운 소비자의 선호도 같은 것을 측정하는 데 이용된다.

3) 등간척도

등간척도(interval scale)는 관찰치가 지닌 속성 차이를 의도적으로 양적 차이로 측정하기 위해서 균일한 간격을 두고 분할하여 측정하는 척도이다. 대표적인 것으로 리커트 5점 척도와 7점 척도가 있다. 다음은 전형적인 리커트 5점 척도를 나타낸다.

[문]	당신은 A 정당의 국회의원 후보를 지지합니까?				
[답]	전혀 아니다	아니다	보통이다	그렇다	매우 그렇다
	|------------	|------------	------------	------------	------------|
	1	2	3	4	5

[그림 2-1] 리커트 5점 척도

이 5점 척도에서 보면, 1과 2, 2와 3, 3과 4, 4와 5 등의 간격 차이는 동일하다. 등간척도에서 구별되는 단위 간격은 동일하며, 각 대상을 크고 작은 것 또는 같은 것으로 그 지위를 구별한다. 속성에 대한 순위는 부여하되 순위 사이의 간격이 동일하다. 측정 대상의 위치에 따라 수치를 부여할 때 이 숫자상의 차이를 산술적으로 다루는 것은 의미가 있다. 등간척도는 관찰 대상이 가지는 속성의 양적 차이를 측정할 수 있으나, 그 양의 절대적 크기는 측정할 수 없으므로 비율 계산이 곤란하다. 온도는 등간척도의 대표적인 예이다. 화씨 100도는 화씨 50도에 대하여 배의 개념이 성립한다. 그러나 화씨 100도가 화씨 50도에 비해서 두배 덥다는 절대적인 의미를 부여할 수는 없다. 또한 화씨를 섭씨로 바꿔보면 화씨에서 배의 개념이 성립하지만 섭씨에서는 배의 개념이 성립하지 않음을 알 수 있다.

[표 2-2] 화씨와 섭씨의 관계

화씨	섭씨	화씨를 섭씨로 바꾸는 방법
100	37.8	섭씨=(화씨-32)÷1.8
50	10	

4) 비율척도

비율척도(ratio scale)는 앞에서 설명한 각 척도의 특수성에다 비율 개념이 첨가된 것이다. 이 척도는 거리, 무게, 시간, 학점 계산 등에 적용된다. 이것은 연구조사에서 가장 많이 사용되는 척도로서, 절대적 0을 출발점으로 하여 측정 대상이 지니고 있는 속성을 양적 차이로 표현하고 있는 척도이다. 이 척도는 서열성, 등간성, 비율성의 세 속성을 모두 가지고 있으므로 곱하거나 나누거나 가감하는 것이 가능하며, 그리고 그 차이는 양적인 의미를 지니게 된다. 예컨대, A는 B의 두 배가 되며, B는 C의 $\frac{1}{2}$배 등의 비율이 성립된다. 비율척도에서 값이 0인 경우에 이것은 측정 대상이 아무것도 가지고 있지 않다는 뜻이다. 국민소득, 전기 소모량, 생산량, 투자수익률, 인구수 등이다.

이상에서 네 가지 종류의 척도에 대하여 알아보았다. 사실 측정 방법은 측정 대상과 조사자의 연구목적에 따라 달라지며, 관찰 대상을 측정할 때 어떠한 척도 방법을 선택하는가에 따라 통계 작업이 영향을 받는다. 연구 또는 조사를 함에 있어서 자료가 지닌 성격을 정확히 파악하는 것도 중요한 일이지만 그러한 속성을 고정적인 것으로 보고 그 틀에 갇힐 필요는 없다. 자료의 기본 속성에서 크게 벗어나지 않는다면 연구목적을 위해서 명목척도와 순위척도를 마치 등간척도나 비율척도처럼 사용하는 경우도 있다. 그러나 위의 네 가지 척도에서 정보의 수준이 높아져 가는 단계를 보면 명목척도, 서열척도, 등간척도, 비율척도의 순서이다. 이것을 표로 나타내면 다음과 같다.

[표 2-3] 네 척도의 정보량

척도 ＼ 특성	범주	순위	등간격	절대영점
명목척도	○	×	×	×
서열척도	○	○	×	×
등간척도	○	○	○	×
비율척도	○	○	○	○

명목척도와 서열척도로 측정된 자료는 비정량적 자료 또는 질적 자료라고 하며, 등간척도와 비율척도로 측정된 자료는 정량적 자료 또는 양적 자료라고 한다. 질적 자료에 적용 가능한 방법은 비모수통계기법이며, 양적 자료에는 모수통계기법이 주로 이용된다. 자료의 성격에 적합한 분석기법을 선택하는 것은 중요하다. 비모수통계분석은 주로 순위자료와 명목자료로 측정된 자료에 대한 통계적 추론에 이용되는 분석방법이다. 그러나 주로 사용하는 통계기법은 모수통계분석인데, 이것은 주로 양적 자료를 대상으로 표본의 특성치인 통계량을 이용하여 모집단의 모수를 추정하거나 검정하는 분석방법이다.

[표 2-4] 척도별 분석방법

척도	숫자 부여 방법	가능 분석방법	예
명목척도	구분, 분류	빈도분석, 교차분석, 비모수 통계분석	성별, 신제품 성공과 실패, 환자의 생과 사
서열척도	순서 비교	서열상관관계 (스피어만 상관계수)	제품과 서비스 선호 순서, 사회계층
등간척도	간격 비교	모수통계분석	온도, 상표 선호도, 주가지수
비율척도	절대적 크기 비교	모수통계분석	학점, 매출액, 무게, 소득, 나이

통계분석은 변수를 구성하는 척도에 따라 분석방법이 달라진다. 영향을 주는 독립변수와 영향을 받는 종속변수가 어떻게 구성되었는가의 여부, 변수(variable)로 이루어진 변량(variate)이 한 개(단변량)인가 두 개 이상(다변량)인가의 여부에 따라 통계분석 방법의 명칭이 달라진다. 이를 그림으로 나타내면 다음과 같다.

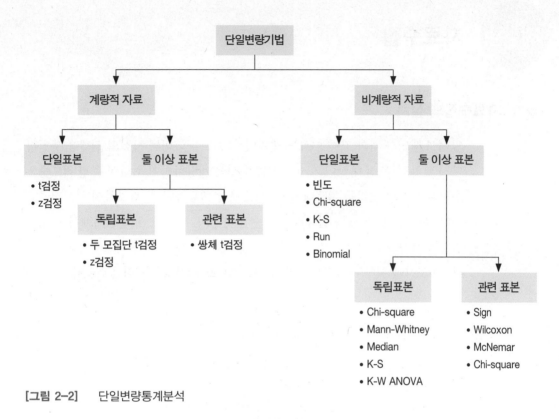

[그림 2-2]   단일변량통계분석

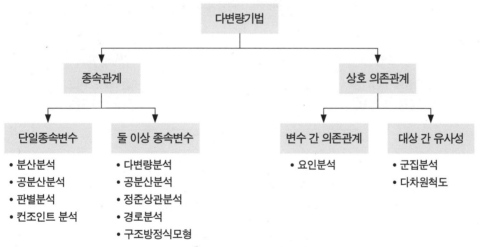

[그림 2-3]   다변량통계분석

앞으로 본서에서 집중적으로 다룰 구조방정식모델은 독립변수(영향을 주는 변수)
와 종속변수(영향을 받는 변수)가 모두 양적 변수인 것을 기본으로 한다. 이에 대한
설명은 책을 진행하면서 더욱 상세하게 설명할 것이다.

제4절 자료수집

4.1 자료수집의 절차

앞에서 설명한 바와 같이 자료는 숫자나 기호로 나타내는 사실의 집합을 뜻한다. 다시 말하면, 측정 대상이 가지고 있는 속성을 계량화하기 위하여 측정 척도를 사용하여 기록한 숫자를 자료라 한다. 자료는 선택된 변수를 관찰하여 얻어진 수치이다. 이 수치를 모으는 절차가 자료수집 과정이다. 이에 대해 본서에서 주로 다룰 프랜차이즈 커피숍 서비스품질 연구에 대한 데이터를 중심으로 설명하기로 한다. 이 조사를 위하여 자료수집의 과정을 그림으로 설명하면 다음과 같다.

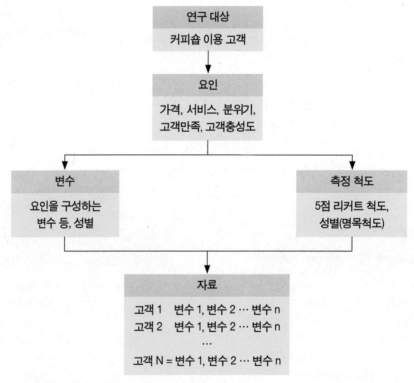

[그림 2-4] 자료수집 과정

위 그림에서 보면, 커피 전문점을 이용하는 고객들을 모집단으로 구성하였다. 이 모집단을 대상으로 한 연구자의 관심은 요인을 구성하는 변수의 점수이다. 다음은 각 요인을 구성하는 변수에 대한 설명이다.

[표 2-5] 설문 내용

요인	변수	설문문항	척도
가격(price)	x1	가격은 합리적이다	매우 동의 못함 보통 매우 동의함 ①---②---③---④---⑤
	x2	가격 차별화가 확실하다	①---②---③---④---⑤
	x3	시간대별 가격이 유연하다	①---②---③---④---⑤
	x4	제공 가치에 맞는 가격이다	①---②---③---④---⑤
서비스 (service)	x5	약속한 서비스를 제공한다	①---②---③---④---⑤
	x6	고객의 요구 사항을 안다	①---②---③---④---⑤
	x7	올바른 서비스를 제공한다	①---②---③---④---⑤
	x8	약속한 서비스를 제공한다	①---②---③---④---⑤
분위기 (atm)	x5	직원은 신뢰감을 준다	①---②---③---④---⑤
	x6	내부 커피향이 은은하다	①---②---③---④---⑤
	x7	직원은 용모가 단정하다	①---②---③---④---⑤
	x8	실내는 활기가 넘친다	①---②---③---④---⑤
고객만족 (cs)	y1	마음이 편해진다	①---②---③---④---⑤
	y2	아이디어를 얻는 원천이다	①---②---③---④---⑤
	y3	매번 고객가치를 얻는다	①---②---③---④---⑤
	y4	전반적으로 만족스럽다	①---②---③---④---⑤
고객충성도 (cl)	y5	자주 방문한다	①---②---③---④---⑤
	y6	동료에게 추천한다	①---②---③---④---⑤
	y7	SNS에 자주 추천한다	①---②---③---④---⑤
	y8	지출금액이 많은 편이다	①---②---③---④---⑤
성별(sex)	sex	성별은?	① 남자 ② 여자

최근 연구에 사용되는 설문지들을 보면 기본 가설에 대한 충분한 이론적 연구가
부족해서인지 설문문항 수가 지나치게 많고, 설문이 무엇을 겨냥하고 있는지 설

문 내용 자체를 이해하기 어려운 경우도 있다. 심지어 응답자를 불쾌하게 만들기도 한다. 좋은 설문지를 만들려면, 본조사에 들어가기 전에 우선 주위 사람들을 대상으로 몇 번 예비설문을 실시하고, 수정 보완하는 절차가 반드시 필요하다. 설문지 작성에 있어서 주의점을 간단하게 기술하면 다음과 같다.

첫째, 너무 많은 설문문항은 응답자를 지치게 만든다. 설문지에 의하여 집계된 자료의 생명은 신뢰성, 즉 응답자의 성실성이다. 이를 끝까지 유지하기 위해서는 문항 수가 적절해야 한다. 특히 그것이 개인의 가치관, 태도 또는 심리적인 것인 경우에는 문항 수가 20~30개 또는 10~15분 응답 분량 정도의 문항으로 구성하는 것이 좋다.

둘째, 추상적인 어휘를 피한다. 응답자가 질문의 내용을 분명하게 알 수 있도록 구체적인 낱말을 사용해야 하며, 필요하다면 예를 들어서라도 충분한 설명이 되어야 한다. 특히 하부 속성을 많이 지니고 있는 용어들은 주의 깊게 사용하여야 한다. 예를 들어, 민주화라는 단어는 그 안에 내포되어 있는 의미가 매우 포괄적이기 때문에 이러한 단어를 문항에 직접 사용하는 것은 피해야 할 것이다.

셋째, 응답 방식은 연구목적 및 사용할 분석방법과 조화를 이루어야 한다. 즉 설문에 응답하는 방식을 4개 문항 중에서 하나만을 고르도록 할 것인지, 4개 전부의 순위를 정하라고 할 것인지, 또는 이 중에 2개만을 고르도록 할 것인지 등을 결정해야 한다. 순위와 관계없이 2개를 고르는 경우에는 분석할 수 있는 기법 및 자료를 입력하는 방식에 영향을 주게 된다.

넷째, 설문의 시작과 끝을 부드럽게 한다. 설문지 첫 문항부터 응답자의 극히 개인적인 신상에 관한 질문으로 시작하면 응답자에게 불쾌감을 줄 수 있다. 따라서 첫 부분은 비교적 저항감이 적은 설문부터 시작하고 마감을 잘하는 것이 좋다.

다섯째, 대조적인 설문은 거리를 두어서 배치한다. 설문의 의도가 노출됨으로 인하여 발생하는 응답자의 왜곡을 막기 위해서 대조적인 설문문항은 가급적 회피해야 한다. 물론 통계적으로 응답 태도의 진위를 가리기 위하여 대조 설문을 사용하는 경우가 있는데, 이러한 경우에도 대조적인 문항은 가급적 공간적 거리를 두는 것이 응답 왜곡을 방지할 수 있다.

여섯째, 기존 연구에서 사용한 설문을 응용한다. 아주 특수한 경우가 아니면 기존의 연구에서 사용한 문항들을 기본 가정에서 어긋나지 않는 범위 내에서 응용하는 것이 좋다. 어떤 설문이 기존의 많은 연구에서 사용되어 왔다는 것은 경험적으로 보아 그 항목으로 측정하고자 하는 속성을 비교적 잘 반영하는 내적 타당성을 지니고 있다는 것을 의미한다.

일곱째, 설문의 내용이 응답자와 조화를 이루어야 한다. 연구자가 조사하고자 하는 속성을 응답자가 지니고 있거나 알고 있어야 한다. 예를 들어, 고등학생에게 그 집안의 한 달 평균수입이나 소득 계층을 묻거나 부모에게 학생들의 용돈 사용처를 묻는 것은 설문이 잘못된 것이 아니라 응답자를 잘못 선택한 것이다.

여덟째, 사전조사를 통해 응답자가 응답하기 어려워하는지 여부를 조사하여 질문을 수정하거나 삭제하여야 한다. 사전조사를 통해 응답하기 곤란한 문항이나 까다로운 항목은 삭제함으로써 정확한 정보를 수집할 수 있다.

4.2 구글 드라이브를 이용한 조사

연구자가 연구를 하면서 겪는 어려운 점은 여러 가지가 있지만, 그중에서도 자료를 얻는 일이 무엇보다 어렵다. 연구자가 자료를 얻는 방법으로 그래도 용이한 방법이 구글 드라이브를 이용한 설문이라고 할 수 있다. 본서에서는 구글 드라이브를 이용한 설문 방법을 구체적으로 설명하기로 한다. 구글 드라이브를 이용하면 빠른 응답을 확보할 수 있다. 또한 인쇄된 설문지를 이용할 경우보다 코딩하는 중간 작업 과정이 필요 없어 정확한 데이터 확보 가능성이 높다.

1. 구글 드라이브를 이용하기 위해서는 먼저 구글사이트(http://www.google.co.kr)에서 계정을 등록하도록 한다. 가능하면 구글에서 지원하는 크롬을 이용하는 것이 좋다. 구글 드라이브 버튼(드라이브)을 누르면 다음과 같은 화면을 얻을 수 있다.

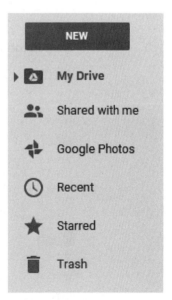

[그림 2-5]   구글 드라이브 첫 화면

2. 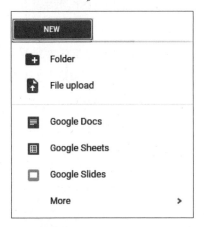 My Drive 버튼을 눌러 폴더를 만든다.

3.   NEW   버튼을 누른다. 그러면 다음과 같은 화면을 얻을 수 있다.

[그림 2-6]   선택 화면

4. More 버튼을 눌러 ▤ Google Forms 를 클릭한다. 그러면 다음과 같은 화면을 얻을 수 있다.

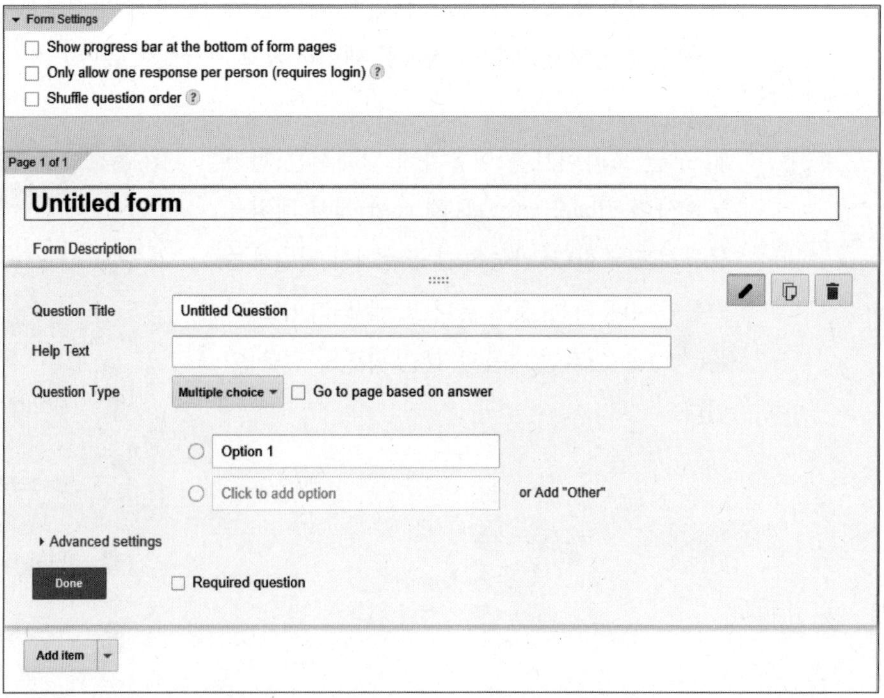

[그림 2-7]   설문지 양식

5. 설문지 양식의 Untitled form에 설문지의 제목('커피 전문점의 품질, 고객만족, 고객 충성도 연구')을 입력한다.

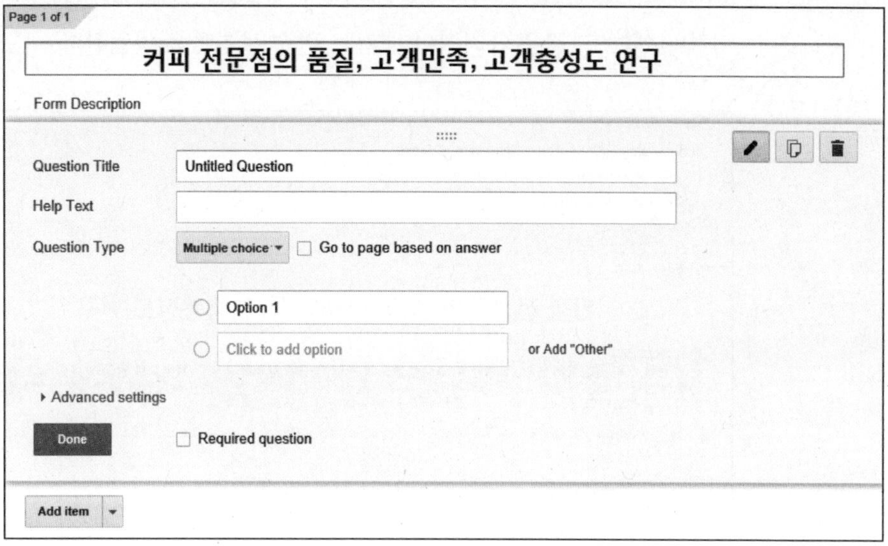

[그림 2-8] 제목 입력

6. Form Description 버튼을 눌러 연구 및 설문의 목적 등을 서술한다.

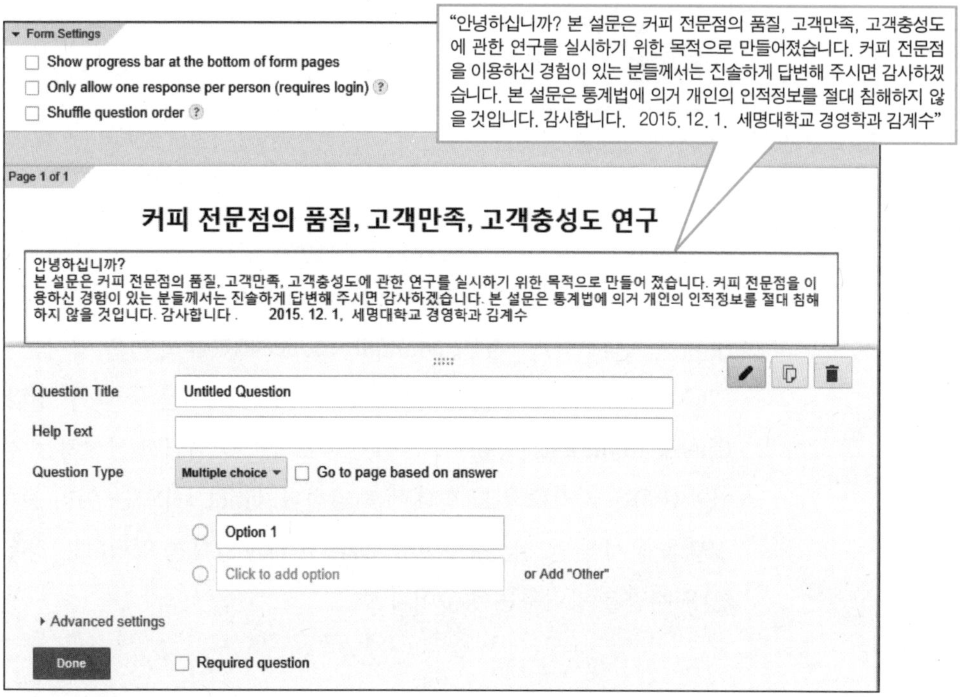

[그림 2-9] 설문 요지문 작성

7. Question Title(변수명 입력)란에서 Untitled Question을 지우고 'x1'을 입력한다. Quetion Title은 변수(variable), 필드(field)에 해당한다. 이어 Help Text(변수 설명문 입력)란에는 '가격은 합리적이다'라는 변수 설명문을 입력한다.

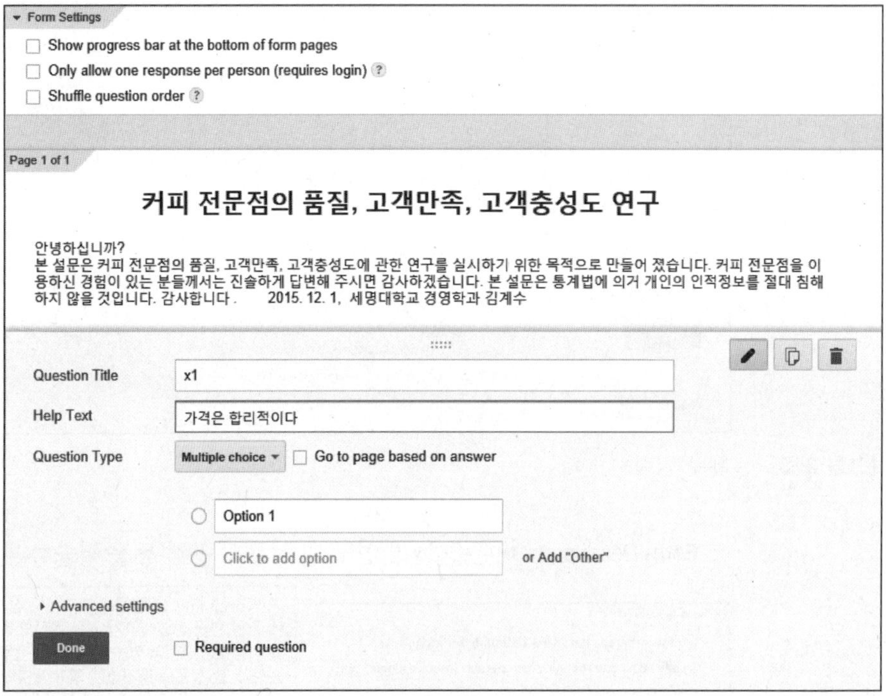
Form Settings
Show progress bar at the bottom of form pages
Only allow one response per person (requires login)
Shuffle question order
Page 1 of 1
커피 전문점의 품질, 고객만족, 고객충성도 연구
안녕하십니까?
본 설문은 커피 전문점의 품질, 고객만족, 고객충성도에 관한 연구를 실시하기 위한 목적으로 만들어 졌습니다. 커피 전문점을 이용하신 경험이 있는 분들께서는 진솔하게 답변해 주시면 감사하겠습니다. 본 설문은 통계법에 의거 개인의 인적정보를 절대 침해하지 않을 것입니다. 감사합니다. 2015. 12. 1, 세명대학교 경영학과 김계수
Question Title
x1
Help Text
가격은 합리적이다
Question Type
Multiple choice
Go to page based on answer
Option 1
Click to add option
or Add "Other"
Advanced settings
Done
Required question

[그림 2-10] 변수명과 설명문 입력

8. Question Type(질문 유형)에서 Multiple choice 버튼을 눌러 설문 유형을 결정한다. Text(텍스트)는 단답형 문장 입력, Paragraph Text(단락 텍스트)는 서술형 문장 입력(여러 줄 입력 가능)인 경우, Multiple Choice(객관식 질문)은 예시문 중 1문항만 체크(오지선다)하는 경우, Checkboxes(확인란)는 예시문 중 복수 정답 체크할 경우, Choose frome a list(목록에서 선택)는 콤보박스를 열어서 선택하는 경우, Scale(점수 범위 선택)은 리커트 척도 형태에 해당한다. Grid(그리드)는 여러 문항의 점수 범위 선택을 동시에 만드는 경우이다. Date(날짜)는 날짜를 입력하는 경우이다. Time(시간)은 시간을 입력하는 경우이다.

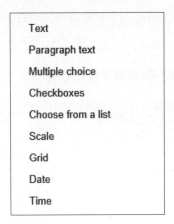

[그림 2-11] 설문 유형 선택란

9. 사전에 리커트 5점 척도를 사용하기로 하였으므로 Scale(척도)을 지정한다. 그
러면 다음과 같은 화면을 얻을 수 있다.

Page 1 of 1

커피 전문점의 품질, 고객만족, 고객충성도 연구

안녕하십니까?
본 설문은 커피 전문점의 품질, 고객만족, 고객충성도에 관한 연구를 실시하기 위한 목적으로 만들어 졌습니다. 커피 전문점을 이
용하신 경험이 있는 분들께서는 진솔하게 답변해 주시면 감사하겠습니다. 본 설문은 통계법에 의거 개인의 인적정보를 절대 침해
하지 않을 것입니다. 감사합니다 .   2015. 12. 1, 세명대학교 경영학과 김계수

Question Title	x1
Help Text	가격은 합리적이다
Question Type	Scale ▾

| Scale | 1 ⬍ to 5 ⬍ |

1: Label (optional)

5: Label (optional)

Done ☐ Required question

[그림 2-12] 리커트 척도 선택란

10. 이어 Duplicate(복사) 버튼을 누른다. 앞의 설문문항을 복사한다.

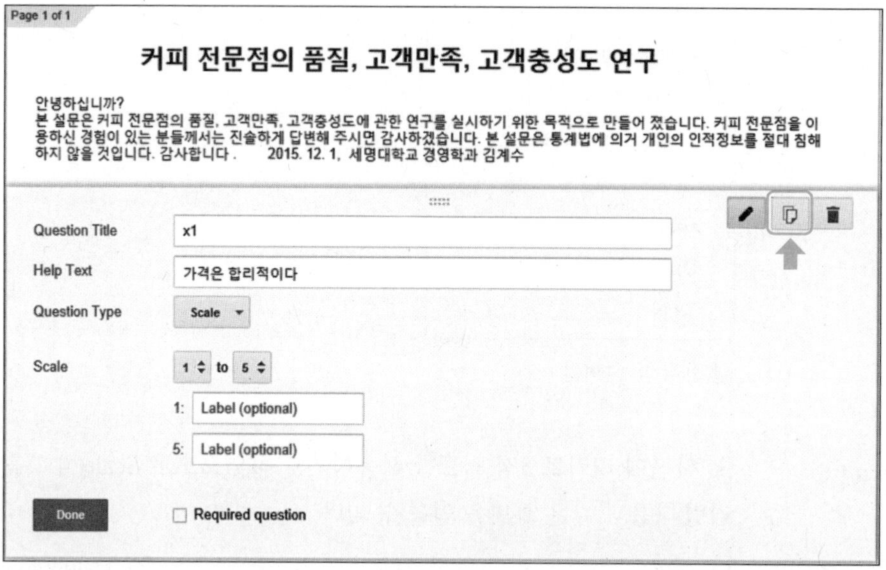

[그림 2-13] 설문문항 복사

11. 그러면 다음과 같은 화면을 얻을 수 있다.

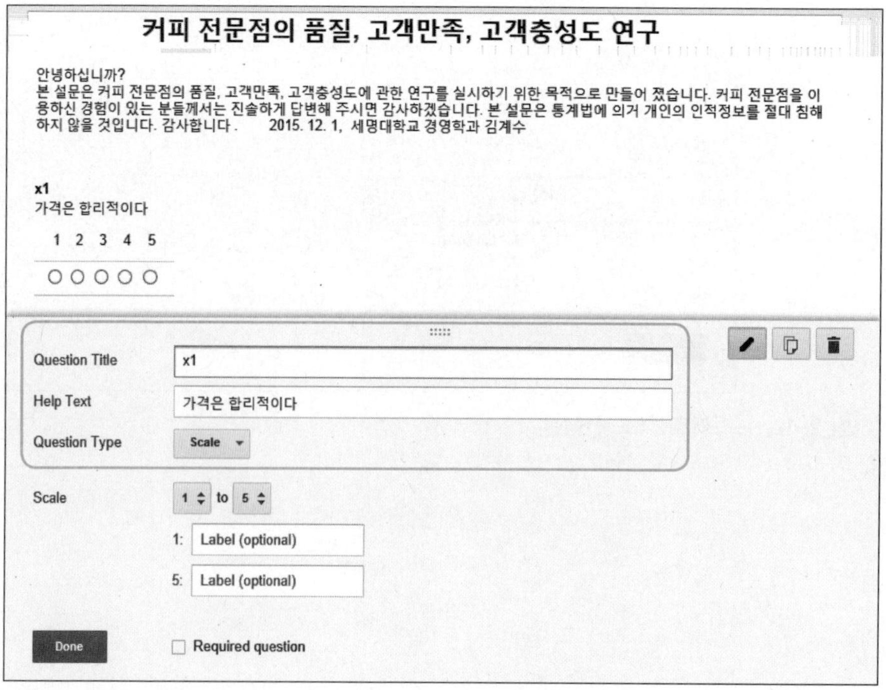

[그림 2-14] 새로운 설문문항 입력

12. Question Title에는 'x2'를, Help Text란에는 '가격 차별화가 확실하다' 문항을 입력한다.

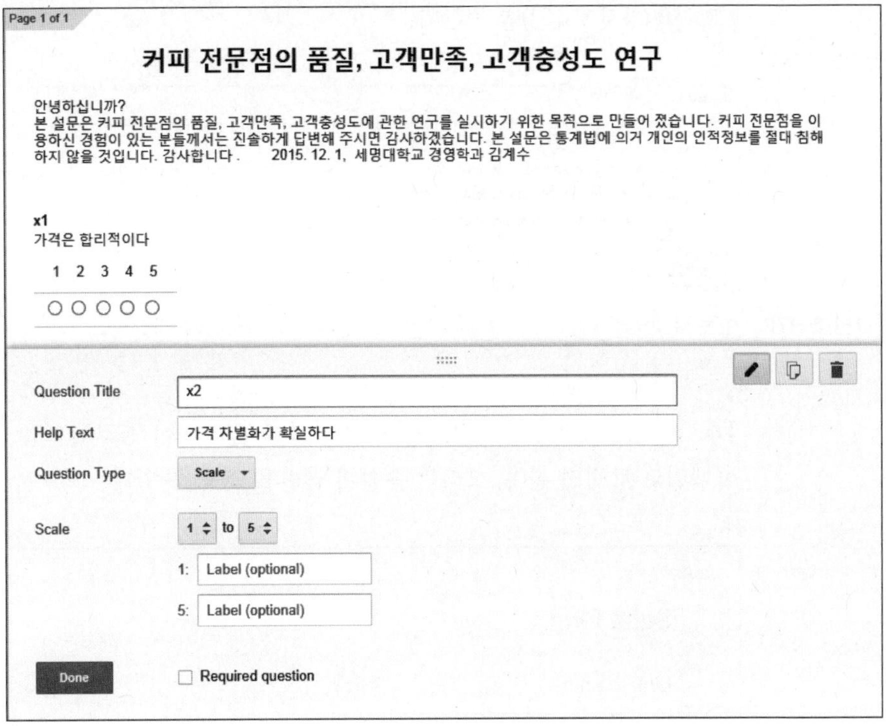

[그림 2-15] 새로운 변수 입력

13. 반복적인 작업을 해서 y8(지출금액이 많은 편이다)까지 입력한다. 이어 sex(성별) 변수를 지정한다. 여기서는 Checkboxes를 눌러 이분형 척도를 만든다.

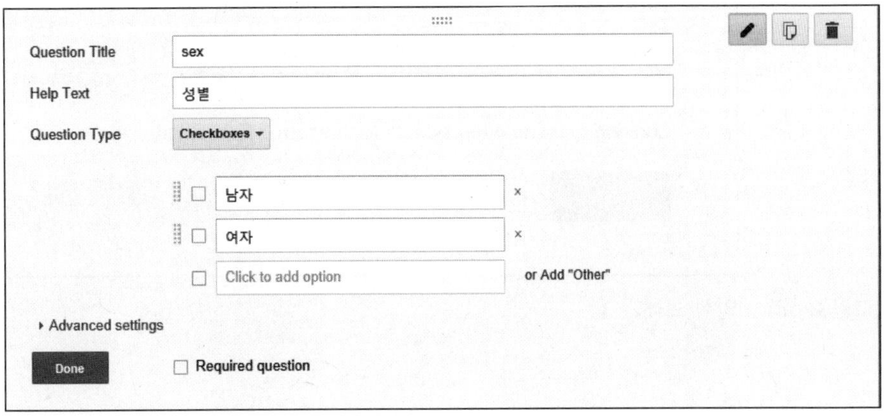

[그림 2-16] 성별 변수 입력

14. `Done` 버튼을 눌러 설문지 작성을 완성한다.

15. 질문지가 완성되었으면 맨 아래 확인 페이지에 답변자에게 해줄 말을 넣고
`Send form` (양식 보내기)를 누른다.

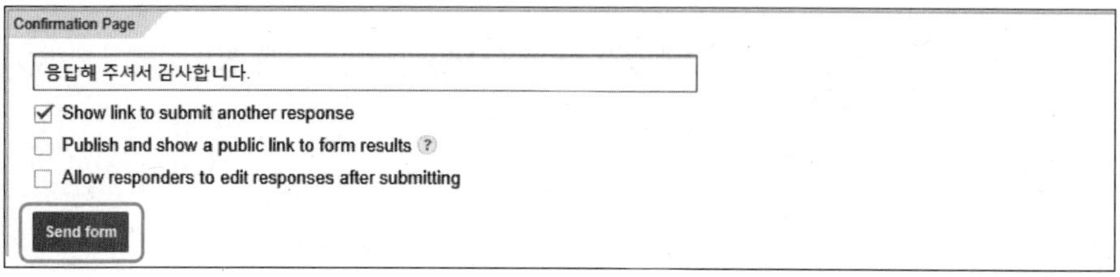

Confirmation Page
응답해 주셔서 감사합니다.
☑ Show link to submit another response
☐ Publish and show a public link to form results ⑦
☐ Allow responders to edit responses after submitting
`Send form`

[그림 2-17] 설문지 마감

16. 공유할 링크창이 나타나면 링크 주소를 복사해서 링크된 주소를 SNS, 쪽지,
이메일로 보내면 된다. 그러면 손쉽게 답변을 얻을 수 있다.

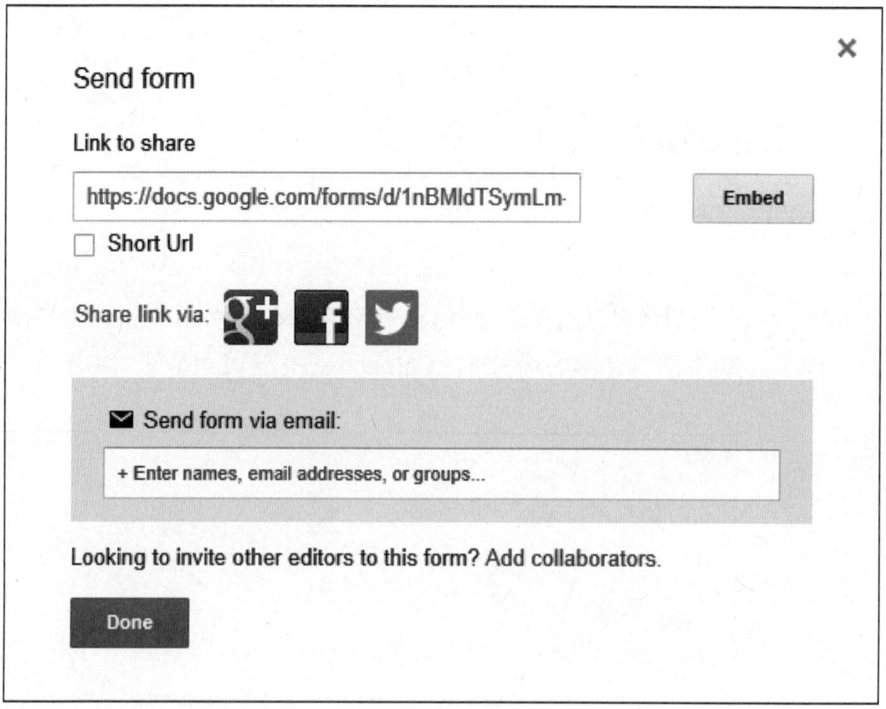

	✕
Send form	
Link to share	
https://docs.google.com/forms/d/1nBMldTSymLm-	`Embed`
☐ Short Url	
Share link via: G+ f �🐦	
✉ **Send form via email:**	
+ Enter names, email addresses, or groups...	
Looking to invite other editors to this form? Add collaborators.	
`Done`	

[그림 2-18] 양식 보내기 창

17. 앞에서 [Done] (마침) 버튼을 누르는 순간 다음과 같이 설문지 폼과 응답지 폼이 생성된다. '커피 전문점의 품질, 고객만족, 고객충성도 연구' 설문지 폼 양식과 '커피 전문점의 품질, 고객만족, 고객충성도 연구(Response)'가 나타난다.

[그림 2-19] 설문지 창과 응답 파일

응답자가 응답하면 곧바로 '커피 전문점의 품질, 고객만족, 고객충성도 연구(Response)' 파일에 데이터가 축적된다. 연구자는 이 파일을 엑셀 형태로 저장할 수 있으며, 엑셀 파일에서 불러오기를 할 수 있다.

18. 엑셀 파일에서 불러오기를 해보자. 그러면 다음과 같은 파일을 얻을 수 있다.

ID	x1	x2	x3	x4	x5	x6	x7	x8	x9	x10	x11	x12	y1	y2	y3	y4	y5	y6	y7	y8	sex
1	4	3	4	3	5	4	4	4	2	3	3	2	2	3	2	2	2	4	4	2	1
2	4	3	3	4	4	4	5	3	2	3	2	4	4	5	2	3	3	4	4	3	1
3	4	4	3	3	3	4	3	3	3	4	3	3	4	4	3	3	3	3	4	2	1
4	4	4	4	4	4	4	4	4	3	5	4	3	3	2	3	2	4	4	4	3	1
5	4	3	3	3	4	4	4	4	3	2	2	2	3	3	2	3	3	3	3	1	1
6	4	3	3	3	4	4	3	4	3	4	2	2	3	4	4	3	4	3	4	1	1
7	3	3	3	3	4	4	2	3	4	5	4	3	2	2	1	1	4	2	4	3	1
8	4	4	4	4	5	4	4	5	5	5	5	5	5	5	5	5	5	5	5	1	1
9	4	4	4	4	5	5	3	4	3	5	3	4	3	3	2	3	4	2	3	3	1
10	4	4	4	4	5	5	4	4	4	5	3	4	3	4	4	3	4	3	4	4	1
11	4	3	4	4	4	3	4	3	4	1	1	3	3	2	2	3	5	4	2	1	1
12	4	3	3	4	3	4	4	3	4	3	5	4	3	4	3	5	4	3	3	1	1
13	5	5	5	5	5	5	5	5	3	1	5	3	4	3	3	5	5	2	2	1	1
14	3	3	3	4	3	3	3	4	4	3	3	3	4	3	3	4	3	4	2	1	1
15	3	3	4	4	3	3	3	3	4	5	4	5	5	3	3	4	3	4	2	1	1
16	3	2	2	3	4	4	4	4	3	2	1	1	2	2	3	5	3	3	4	1	1
17	4	5	5	4	4	5	5	5	4	3	2	2	4	5	5	4	4	4	4	1	1
18	4	3	4	4	3	4	4	3	5	5	4	4	3	4	5	1	5	3	3	1	1
19	2	3	3	4	3	3	3	3	3	3	2	2	3	3	3	3	3	2	2	1	1
20	4	2	4	4	3	3	4	3	5	4	4	3	5	5	5	5	5	1	4	1	1
21	4	4	5	5	4	4	4	3	4	4	4	4	5	4	4	4	4	4	4	2	1
22	4	4	3	3	2	3	4	3	3	3	3	3	4	3	3	2	2	3	3	3	1
23	4	4	4	4	4	4	3	3	3	3	3	3	2	2	2	3	3	3	3	1	1
24	5	5	4	5	5	5	5	4	4	4	5	4	4	3	5	3	4	5	4	4	1
25	3	3	3	3	4	3	3	3	3	3	3	3	3	3	4	3	4	3	2	1	1
26	5	5	5	5	4	5	5	5	5	4	4	5	5	5	4	5	5	5	5	1	1
27	4	4	2	3	4	5	3	2	3	4	2	5	4	3	2	2	3	2	4	2	1
28	2	3	1	2	3	4	3	3	5	4	1	2	4	3	2	1	3	2	5	1	1
29	3	3	3	3	4	3	4	4	5	2	3	1	3	3	2	4	3	3	3	1	1

[그림 2-20] 데이터 파일

19. 여기서는 데이터를 'CSV(쉼표로 분리)' 파일 형식으로 저장하기로 한다. 파일 이름(N)은 data이다. 저장(S) 버튼을 누르면 저장된다. 분석자는 R 프로그램 이용과 관련하여 앞으로 모든 데이터는 CSV(쉼표로 분리) 파일 형식(확장자)으로 저장한다는 점을 잊지 않기 바란다.

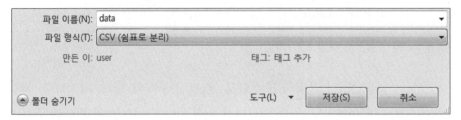

[그림 2-21] 쉼표로 분리 저장 화면

4.3 R에서 데이터 불러오기

R 프로그램에서 데이터를 불러오기를 하기 위해서 버튼을 누른다.

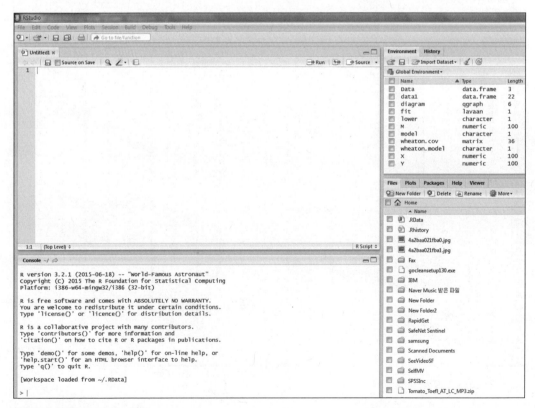

[그림 2-22] RStudio 화면

1. 다음과 같은 명령어를 입력한다. D 드라이브의 data 경로에 있는 데이터 파일 data.csv 파일을 불러오기 위해서 다음과 같이 입력한다.

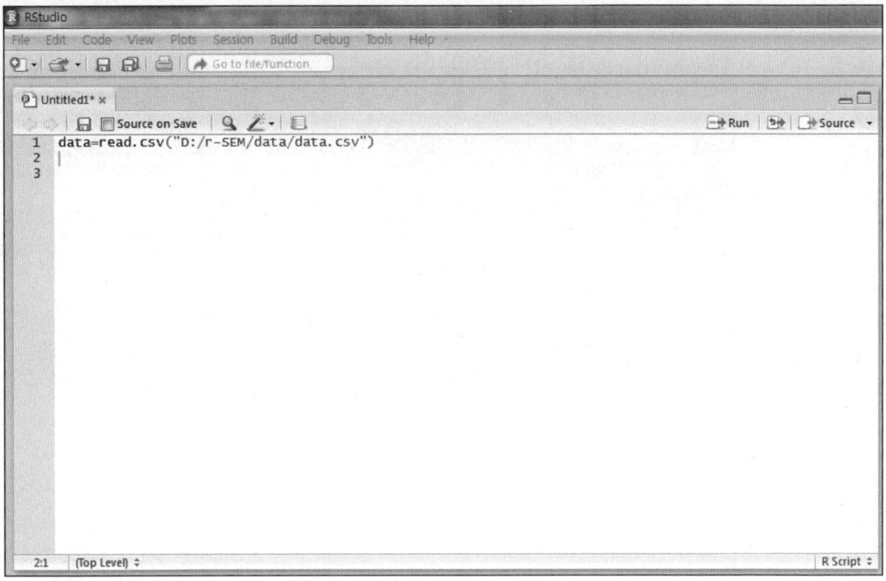

[그림 2-23] 데이터 불러오기 입력창

이는 쉼표로 분리된 data를 불러오기를 하는데, 구체적인 경로는 D 드라이브임을 나타낸다.

data=read.csv("D:/r-SEM/data/data.csv")

구체적으로 설명하면, data(파일)를 불러오기 위해서 .csv 확장자를 가진 파일명을 불러들이고(read), 데이터는 큰따옴표(" ") 안에 있는 경로의 데이터(D:/r-SEM/data/data.csv)임을 나타낸다.

4.4 기초 통계분석

기초 통계분석을 실시하기 위해서 다음과 같은 명령어를 입력한다.

1. summary( )를 입력한다. ( ) 속에는 파일명 data를 입력한다.

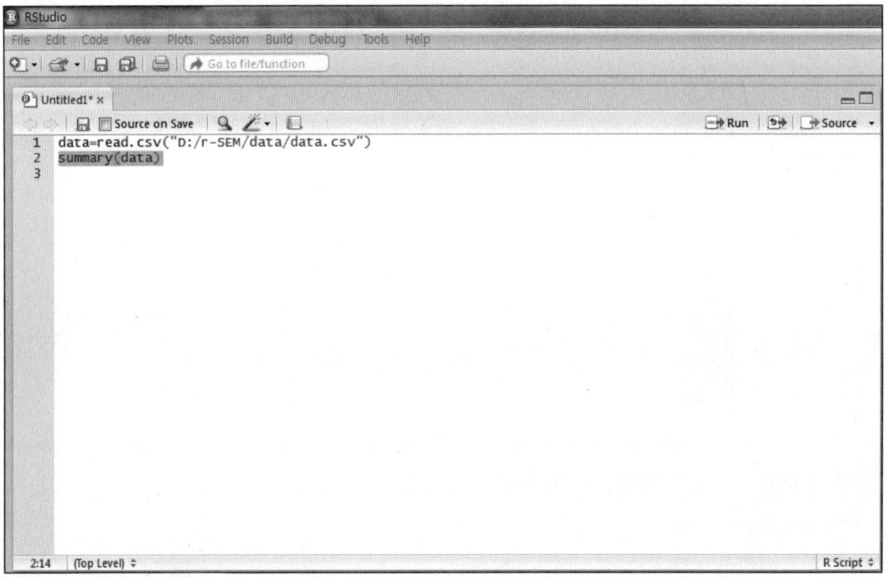

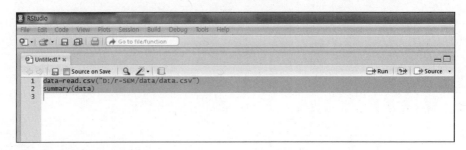

[그림 2-24] 기술통계량 명령문

summary(data) 명령문은 데이터 파일을 구성하는 변수들의 기초 통계량을 보여 주라는 명령어이다.

2. 다음과 같이 마우스로 범위를 정한 다음 ⟹Run 버튼을 눌러 실행한다.

[그림 2-25] 기술통계량 실행 범위

3. 그러면 다음과 같이 Console 창에서 결과를 얻을 수 있다.

ID	x1	x2	x3	x4	x5	x6
Min. : 1.0	Min. :1.000	Min. :1.000	Min. :1.000	Min. :1.000	Min. :1.000	Min. :1.000
1st Qu.:183.2	1st Qu.:3.000	1st Qu.:3.000	1st Qu.:3.000	1st Qu.:3.000	1st Qu.:3.000	1st Qu.:3.000
Median :365.5	Median :3.000	Median :3.000	Median :3.000	Median :4.000	Median :4.000	Median :4.000
Mean :365.5	Mean :3.374	Mean :3.393	Mean :3.438	Mean :3.501	Mean :3.473	Mean :3.514
3rd Qu.:547.8	3rd Qu.:4.000	3rd Qu.:4.000	3rd Qu.:4.000	3rd Qu.:4.000	3rd Qu.:4.000	3rd Qu.:4.000
Max. :730.0	Max. :5.000	Max. :5.000	Max. :5.000	Max. :5.000	Max. :5.000	Max. :5.000

x7	x8	x9	x10	x11	x12	y1
Min. :1.00	Min. :1.000	Min. :1.000	Min. :1.000	Min. :1.00	Min. :1.000	Min. :1.000
1st Qu.:3.00	1st Qu.:3.000	1st Qu.:3.000	1st Qu.:3.000	1st Qu.:3.00	1st Qu.:3.000	1st Qu.:3.000
Median :3.00	Median :3.000	Median :3.000	Median :3.000	Median :3.00	Median :3.000	Median :3.000
Mean :3.29	Mean :3.307	Mean :3.327	Mean :3.427	Mean :3.36	Mean :3.303	Mean :3.222
3rd Qu.:4.00	3rd Qu.:4.000	3rd Qu.:4.000	3rd Qu.:4.000	3rd Qu.:4.00	3rd Qu.:4.000	3rd Qu.:4.000
Max. :5.00	Max. :5.000	Max. :5.000	Max. :5.000	Max. :5.00	Max. :5.000	Max. :5.000

y2	y3	y4	y5	y6	y7	y8
Min. :1.000	Min. :1.000	Min. :1.000	Min. :1.000	Min. :1.00	Min. :1.000	Min. :1.000
1st Qu.:3.000	1st Qu.:2.000	1st Qu.:2.000	1st Qu.:3.000	1st Qu.:3.00	1st Qu.:3.000	1st Qu.:2.000
Median :3.000	Median :3.000	Median :3.000	Median :3.000	Median :3.00	Median :3.000	Median :3.000
Mean :3.249	Mean :3.004	Mean :2.944	Mean :3.359	Mean :3.34	Mean :3.408	Mean :3.066
3rd Qu.:4.000	3rd Qu.:4.000	3rd Qu.:4.000	3rd Qu.:4.000	3rd Qu.:4.00	3rd Qu.:4.000	3rd Qu.:4.000
Max. :5.000	Max. :5.000	Max. :5.000	Max. :5.000	Max. :5.00	Max. :5.000	Max. :5.000

sex						
Min. :1.000						
1st Qu.:1.000						
Median :2.000						
Mean :1.507						
3rd Qu.:2.000						
Max. :2.000						

[그림 2-26] 결과창

결과 해석 ▮ 각 변수의 최소값(Min.), 1사분위수(1st Qu.), 중앙값(Median), 평균(Mean), 3사분위수(3rd Qu.), 최대값(Max.) 등이 나타나 있다.

4. pairs( )를 사용하면 변수들 간의 상관 정도를 그림으로 살펴볼 수 있다. 다음과 같이 입력하고 실행하면 된다.

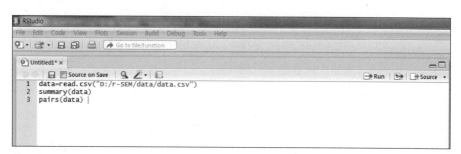

[그림 2-27] 상관관계 명령어

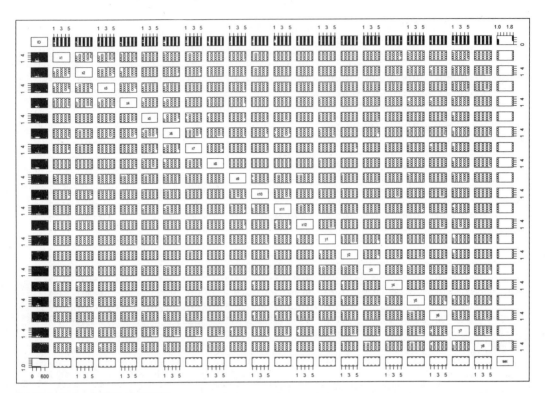

[그림 2-28] 상관관계 결과창

결과 해석 ▌ 각 변수 간의 상관관계가 그림으로 제시되었다.

4.5 무응답 데이터

만약 무응답 데이터가 MCAR(Missing Completely at Random)이나 MAR(Missing at Random)이라면 R 프로그램은 FIML(Full Information Maximum Likelihood) 추정 방식을 제공한다. 명령어로는 missing="ml" 또는 missing="fiml"을 사용한다. 이에 대한 내용은 차후에 다루기로 한다.

FIML(Full Information Maximum Likelihood)은 설정된 모수를 동시에 추정하는 완전정보최대우도법을 말한다.

연습문제

1. 다음의 설문지를 구글 드라이브 입력을 통해서 조사하여라. 여기서는 exdata. csv로 저장하기로 하였다(데이터 파일: exdata.csv).

고객지향성과 고객충성도 간의 인과관계연구

안녕하세요?

경영환경이 급변함에 따라 스마트폰 시장에서의 경영환경 또한 빠르게 변화하고 있습니다. 이러한 상황에서 고객을 생각하고 고객을 위해 제품과 서비스를 제공하는 기업만이 지속적으로 성장하고 생존할 것입니다.

본 설문은 고객지향성이 고객만족과 고객충성도에 미치는 영향을 알아보기 위해서 제작되었습니다. 아무쪼록 파인애플 스마트폰을 이용하는 고객 입장에서 느끼는 점을 정확하게 답변해 주시면 감사하겠습니다.

감사합니다.

연구자: 홍길동

[고객지향성, cuo]

질문 문항	매우 그렇지 않다 보통임 매우 그렇다
x1 파인애플의 기업문화는 고객지향적이다	①-----②-----③-----④----⑤
x2 파인애플은 고객지향적인 신제품과 서비스를 제공한다.	①-----②-----③-----④----⑤
x3 파인애플은 고객에 관심이 많다	①-----②-----③-----④----⑤
x4 파인애플은 지속적으로 고객만족도를 측정한다	①-----②-----③-----④----⑤

[종업원 만족, es]

질문 문항	매우 그렇지 않다 보통임 매우 그렇다
x5 파인애플의 근무환경이 우수하다	①－－－－②－－－－③－－－－④－－－⑤
x6 파인애플 직원은 공평하게 대우받는다	①－－－－②－－－－③－－－－④－－－⑤
x7 파인애플에서는 승진 기회가 많다	①－－－－②－－－－③－－－－④－－－⑤
x8 종업원 만족을 최우선으로 한다	①－－－－②－－－－③－－－－④－－－⑤

[고객만족, cs]

질문 문항	매우 그렇지 않다 보통임 매우 그렇다
x9 파인애플 제품품질은 탁월하다	①－－－－②－－－－③－－－－④－－－⑤
x10 파인애플의 서비스를 만족한다	①－－－－②－－－－③－－－－④－－－⑤
x11 파인애플의 가격이 저렴하다	①－－－－②－－－－③－－－－④－－－⑤
x12 파인애플은 기대 이상이다	①－－－－②－－－－③－－－－④－－－⑤
x13 파인애플 제품이나 서비스에 전반적으로 만족한다	①－－－－②－－－－③－－－－④－－－⑤

[기업 이미지, ci]

질문 문항	매우 그렇지 않다 보통임 매우 그렇다
x14 파인애플은 신뢰가는 회사이다	①－－－－②－－－－③－－－－④－－－⑤
x15 파인애플은 실력이 있는 회사다	①－－－－②－－－－③－－－－④－－－⑤
x16 파인애플과 거래는 믿음이 간다	①－－－－②－－－－③－－－－④－－－⑤
x17 파인애플은 고객을 사랑하고 존중하는 회사다	①－－－－②－－－－③－－－－④－－－⑤

[고객충성도, cl]

질문 문항	매우 그렇지 않다 보통임 매우 그렇다
x18 나는 파인애플 제품을 사랑한다	①－－－－②－－－－③－－－－④－－－⑤
x19 나는 타인에게 자주 파인애플을 추천한다.	①－－－－②－－－－③－－－－④－－－⑤
x20 SNS에서 파인애플에 대해 좋은 평판을 한다	①－－－－②－－－－③－－－－④－－－⑤
x21 앞으로도 파인애플 제품을 지속적으로 이용할 것이다.	①－－－－②－－－－③－－－－④－－－⑤

[일반적인 사항]

1. [성별, sex]　　① 남자　② 여자

2. [연령, year]　　(　)세

3. [교육 정도, edu]　① 중졸 이하　② 고졸　③ 대졸　④ 대학원졸

4. [소득, income]

　　① 100만 원 미만　②100만 원~200만 원 미만　③ 200만 원~300만 원 미만

　　④ 300만 원~400만 원 미만　⑤ 400만 원~500만 원 미만　⑥ 500만 원 이상

-감사합니다.-

3장 회귀분석

계수's 생각

인생에서
초심(初心)을 기억하고 중심(中心)을 잡으며
뒷심을 발휘하는 3심이 중요하다.

- 연구조사의 개념을 이해한다.
- 회귀분석의 개념을 이해한다.
- 회귀분석 기본 계산 과정, 해석 방법을 이해한다.
- R 프로그램을 통해 데이터를 분석하고 해석할 수 있다.

통계를 다루다 보면 두 개 혹은 그 이상의 여러 변수 사이의 관계를 분석하여야 할 때가 있다. 서로 관계를 가지고 있는 변수들 사이에는 다른 변수(들)에 영향을 주는 변수(들)가 있는 반면에 영향을 받는 변수(들)도 있다. 전자를 독립변수(independent variable 또는 predictor variable)라고 하며, 후자를 종속변수(dependent variable 또는 response variable)라고 한다. 예컨대, 광고액과 매출액의 관계에서, 전자는 후자에 영향을 미치므로 독립변수가 되고 후자는 종속변수가 된다.

회귀분석(regression analysis)은 독립변수가 종속변수에 미치는 영향력의 크기를 조사하여 독립변수의 일정한 값에 대응하는 종속변수의 값을 예측하는 기법을 의미한다. 광고액과 매출액 사이에서 어떤 관계가 있을 때, 일단 광고액의 수준이 결정되면 회귀분석을 통하여 매출액을 예상할 수 있다.

회귀분석은 세 가지의 주요 목적을 갖는다. 첫째, 기술적인 목적을 갖는다. 변수들, 즉 광고액과 매출액 사이의 관계를 기술하고 설명할 수 있다. 둘째, 통제 목적을 갖는다. 예를 들어, 비용과 생산량 사이의 관계 혹은 결근율과 생산량 사이의 관계를 조사하여 생산 및 운영관리의 효율적인 통제에 회귀분석을 이용할 수 있다. 연구자는 선택과 집중 원리에 의해 유의한 변수를 강화하는 전략을 채택할 수 있다. 셋째, 예측의 목적을 갖는다. 기업에서 생산량을 추정함으로써 비용을 예측할 수 있으며, 광고액을 앎으로써 매출액을 예상할 수 있다.

회귀분석은 단순회귀분석(simple regression analysis)과 중회귀분석(multiple regression analysis)으로 나뉜다. 이에 대한 구분 방법은 다음 표를 참조하면 쉽게 이해할 수 있다.

[표 3-1] 회귀분석의 종류

구분	독립변수	종속변수
단순회귀분석	1	1
중회귀분석	多	1
일반선형분석	多	多

제1절 회귀분석

단순회귀분석(simple regression analysis)의 목적은 두 변수, 즉 하나의 독립변수와 종속변수 사이의 관계를 알아내는 것이다. 단순회귀분석을 이해하기 위해서 광고액에 따른 매출액의 관계를 예로 들어보자. 광고액이 매출을 결정한다고 가정하고, 어느 회사의 10개월간의 자료를 정리하였다.

[표 3-2] 광고액과 매출액

가구	광고액(억 원)	매출액(억 원)
1	25	100
2	52	256
3	38	152
4	32	140
5	25	150
6	45	183
7	40	175
8	55	203
9	28	152
10	42	198

1.1 산포도 그리기

두 변수 사이의 관계를 알아보기 위해서 연구하는 회귀분석에서 우리는 종속변수
인 매출액이 독립변수인 광고액의 변화에 따라 어떻게 조직적으로 변하는가를 알
고자 한다. 앞의 [표 3-2]의 상태에서 추세를 파악하기가 곤란하므로, 대략적인
관계를 나타낼 수 있도록 관찰치들을 좌표평면에 그려본다. 관찰치들을 좌표평면
에 나타낸 그림을 산포도(scatter diagram)라고 하는데, 이 산포도는 회귀분석의 필수
적인 첫 단계이다. [표 3-2]의 자료를 이용하여 산포도를 나타내면 다음과 같다.

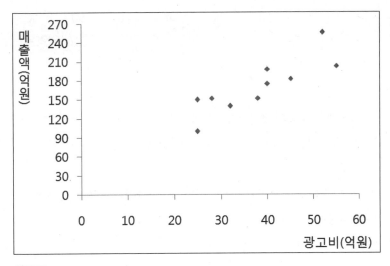

[그림 3-1]   산포도

위 그림에서 광고액을 X축에 표시하고 매출액을 Y축에 표시하였다. 우리는 이
산포도를 통하여 두 변수 간의 관계를 대체로 한눈에 파악할 수 있다. 즉, 광고액
이 많을수록 매출액은 증가한다. 그리고 그 추세를 어느 정도 정확하게 추정하기
위해서 산포도 위에 일차직선을 그을 수 있다. 이 선을 회귀선(regression line)이라
고 한다. 이 회귀선을 나타내면 [그림 3-2]와 같다.

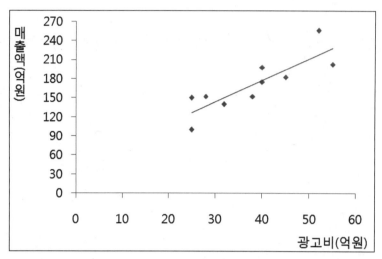

[그림 3-2] 산포도와 선형회귀직선

이 그림에서 자료의 관찰치들이 직선 모양의 회귀선에 거의 몰려 있음을 알 수 있다. 이 회귀선을 이용하면 광고액과 매출액 사이의 관계를 함수적으로 파악할 수 있을 것이다.

또 다른 예를 들어보자. 만일 나이와 체중 사이의 관계를 연구한다고 하자. 이 경우에 체중은 종속변수이고 나이는 독립변수라고 생각할 수 있다. 그런데 어느 정도 나이가 들 때까지는 체중이 증가하나 일정한 나이가 되면 어느 기간만큼은 거의 일정하게 유지된다고 볼 수 있다. 이것에 대한 산포도와 회귀선을 직선으로 나타내는 것은 바람직하지 못하다. 오히려 [그림 3-3]에서 보는 바와 같이 회귀선은 곡선(curve)으로 나타내 줌으로써 나이와 체중 사이에서 곡선관계(curvilinear relationship)를 보여주는 회귀모형이 타당할 것이다. 만일 회귀직선으로 모형을 확정한다면 두 변수 사이의 관계를 올바르게 표시한다고 볼 수 없다. 관찰치들이 회귀모형 주위에 적절하게 몰려 있어야 하기 때문이다. 이와 같이 회귀모형의 선택은 관찰치들의 산포도에 따라 이루어지므로 산포도는 상당히 중요하다고 하겠다.

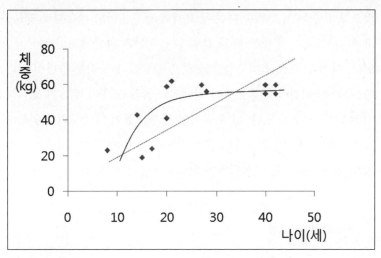

[그림 3-3]   나이와 체중의 관계

회귀모형에는 두 가지 특징이 나타난다. 첫째, 표본추출된 관찰치들의 모집단에는 각 X수준에 대하여 Y의 확률분포가 있다. 둘째, 이 확률분포들의 평균은 X값에 따라 변한다. 이것을 설명하기 위하여 회귀직선의 경우를 그림으로 나타내면 아래와 같다. 이해를 돕기 위해서 Y축은 수평, X축은 수직으로 나타내었다.

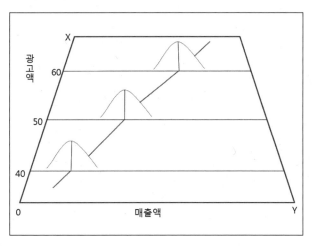

[그림 3-4]   회귀직선모형의 그림

위 그림은 예를 들어, 광고액이 X=40(억 원)일 때 매출액 Y의 확률분포를 나타내고 있다. [표 3-2]에서 보인 실제 매출액 175(억 원)는 확률분포에서 임의 채택된 것으로 간주된다. 그리고 다른 광고액의 경우에서도 매출액의 확률분포를 나타내고 있다. 그림에서 보는 바와 같이 회귀직선은 확률분포의 평균치들을 지나가고 있다. 사실 변수 X가 회귀한다는 것은 평균값에 몰리는 경향이 있다는 것을 뜻한다. 우리는 여기서 확률분포의 평균치는 X의 수준에 대하여 조직적인 관계를 가지고 있음을 알 수 있다. 이 조직적인 관계를 X에 대한 Y의 회귀함수라고 부른다. 그리고 이 회귀함수의 그림을 회귀선이라고 부른다.

이제 모집단에 대한 단순회귀의 선형모형을 세워보자.

단순회귀직선모형

$$Y_i = \beta_0 + \beta_1 X + \varepsilon_i \qquad\qquad \cdots\cdots(\text{식 } 3\text{-}1)$$

여기서, $Y_i = i$번째 반응치

$\beta_0 =$ 절편 모수

$\beta_1 =$ 기울기 모수

$X_i =$ 이미 알려진 독립변수의 i번째 값

$\varepsilon_i =$ 오차이며 분포는 $N(0, \sigma^2)$

$cov(\varepsilon_i, \varepsilon_j) = 0$ (단 $i \neq j$)

독립변수가 2개 이상이고 종속변수가 1개 이상인 중회귀직선모형의 기본 틀은 단순회귀직선모형과 다르지 않다. 즉, 단순회귀직선모형에 독립변수의 수에 따른 기울기와 해당 변수의 곱이 추가되는 형태를 보인다.

다음으로 회귀모형의 가정을 정리하면 다음과 같다.

> **회귀모형의 가정**
>
> ① X는 확률변수가 아니라 확정된 값이다.
> ② 모든 오차는 정규분포를 이루며, 평균이 0, 분산은 σ^2으로 X
>   값에 관계없이 동일하다. 즉, $\varepsilon_i \sim N(0, \sigma^2)$
> ③ 서로 다른 관찰치의 오차는 독립적이다.
>   즉, $cov(\varepsilon_i, \varepsilon_j) = 0$ (단 $i \neq j$)
> ④ $Y \sim N(\beta_0 + \beta_1 X, \sigma^2)$

따라서

$$E(Y_i) = E(\beta_0 + \beta_i X_i + \varepsilon_i) = \beta_0 + \beta_i X_i + E(\varepsilon_i) \qquad \cdots\cdots(\text{식 } 3\text{-}2)$$
$$= \beta_0 + \beta_1 X_i$$

그러므로 i번째에 있는 X의 값이 X_i라 하면, 종속변수 Y_i는 평균이 $E(Y_i) = \beta_0 + \beta_i X_i$ 인 확률분포에서 나온 것이다.

선형회귀모형 $E(Y_i) = \beta_0 + \beta_i X_i$에서 β_0는 절편이고 β_1은 기울기이다. 직선의 모형은 β_0와 β_1의 값에 따라 달라지며, 이 값들은 모집단을 완전히 파악하지 않으면 알 수 없는 계수들이다. 두 변수 간의 관계를 알기 위해서는 우리는 두 계수를 구해야 한다. 주어진 표본 관찰치들로부터 구해진 회귀직선을(편의상 i 를 생략)

$$\hat{Y} = b_0 + b_1 X \qquad\qquad\qquad\qquad\qquad \cdots\cdots(\text{식 } 3\text{-}3)$$

라 하면 b_0와 b_1은 각각 β_0와 β_1의 추정치가 된다. 표본에 대하여 회귀모수 β_0와 β_1의 좋은 추정량을 발견하기 위해서 최소제곱법(least square method)을 이용할 수 있다.

최소제곱법이란 잔차(residual)제곱의 합을 최소화시키는 b_0와 b_1의 값을 구하는 방법을 말한다. 여기서 잔차란 실제 관찰치 Y_i와 예측치 $\hat{Y}$(Y-hat으로 읽음) 사이의 차이 값을 뜻하므로, 잔차 e_i는

$$e_i = Y_i - \hat{Y}_i \qquad \qquad \cdots\cdots(\text{식 } 3\text{-}4)$$

이다. 변수들 사이의 관계를 정확하게 기술하거나 예측하려면 이 잔차는 최소가 되어야 할 것이다. 이것을 위해서 잔차제곱의 합을 최소화한다면 같은 목적을 이룰 수 있다. 따라서 $\sum_{i=1}^{n} e_i^2$ 을 최소화시키는 b_0 와 b_1 의 값을 구하면 된다. 식 (3-5)를 Q 라 놓으면,

$$Q = \sum_{i=1}^{n} e_i^2 = \sum_{i=1}^{n} (Y_i - \hat{Y}_i)^2 = \sum_{i=1}^{n} (Y_i - b_0 - b_1 X_i)^2 \qquad \cdots\cdots(\text{식 } 3\text{-}5)$$

이 된다. 위 식을 b_0 와 b_1 에 대하여 편미분하고 그 결과를 0으로 놓으면,

$$\frac{\partial Q}{\partial b_0} = 2 \sum_{i=1}^{n} (Y_i - b_0 - b_1 X_i)(-1) = 0$$

$$\frac{\partial Q}{\partial b_1} = 2 \sum_{i=1}^{n} (Y_i - b_0 - b_1 X_i)(-X_i) = 0 \qquad \cdots\cdots(\text{식 } 3\text{-}6)$$

의 두 식을 얻으며, 이것을 정리하면,

$$\sum Y_i = n b_0 + b_1 \sum X_i$$

$$\sum X_i Y_i = b_0 \sum X + b_1 \sum X_i^2 \qquad \cdots\cdots(\text{식 } 3\text{-}7)$$

이 얻어진다. 이 두 식을 정규방정식(正規方程式, normal equation)이라고 한다. 이 정규방정식을 b_0 와 b_1 에 대하여 풀면 다음과 같다.

회귀직선모형의 기울기와 절편

$$b_1 = \frac{n \sum X_i Y_i - (\sum X_i)(\sum Y_i)}{n \sum X_i^2 - (\sum X_i)^2} = \frac{\sum (X_i - \bar{X})(Y_i - \bar{Y})}{(X_i - \bar{X}_i)^2}$$

$$b_0 = \frac{1}{n}(\sum Y_i - b_1 \sum X_i) = \bar{Y} - b_1 \bar{X} \qquad \cdots\cdots(\text{식 } 3\text{-}8)$$

예제 1 앞의 [표 3-2]에서 주어진 자료를 근거로 최소제곱법을 이용하여 회귀직선을 구해보아라.

[풀이]

가구 수	광고액(X_i)	매출액(Y_i)	$X_i \cdot Y_i$	X_i^2
1	25	100	2,500	625
2	52	256	13,312	2,704
3	38	152	5,776	1,444
4	32	140	4,480	1,024
5	25	150	3,750	625
6	45	183	8,235	2,025
7	40	175	7,000	1,600
8	55	203	11,165	3,025
9	28	152	4,256	784
10	42	198	8,316	1,764
합계	$\sum X_i = 382$	$\sum Y_i = 1,709$	$\sum X_i Y_i = 68,790$	$\sum X_i^2 = 15,620$

이것을 이용하여 기울기와 절편을 구하면

$$b_1 = \frac{n \sum X_i Y_i - (\sum X_i)(\sum Y_i)}{n \sum X_i^2 - (\sum X_i)^2} = \frac{(10)(68,790) - (382)(1,709)}{(10)(15,620) - (382)^2} = 3.412$$

$$b_0 = \overline{Y} - b_1 \overline{X} = 170.9 - (3.412)(38.2) = 40.562$$

이다. 따라서 회귀식은

$$\overline{Y} = 40.562 + 3.412 X$$

가 된다. 기울기가 3.412이므로 광고액이 1억 원씩 증가함에 따라 매출액이 3.412
억 원씩 증가한다고 말할 수 있다. Y절편은 40.562이므로 광고액이 0(零)일 때 매출액은 40.562억 원인 셈이 된다. 그러나 이것은 현실적으로 불가능한 이야기이 므로 절편의 수치는 의미가 없다고 본다. 만일 광고액이 30억 원인 경우에 매출액 은 $\bar{Y} = 40.562 + 3.412(30) = 142.992$(억 원)라고 추정할 수 있다. 여기서 우리는 회 귀모형의 적용 범위를 제한하여야 할 필요성을 갖는다. 이 제한은 조사계획에 의 하거나 또는 얻어진 자료의 범위에 의하여 결정된다. 이 문제의 경우를 보면 광 고액이 25억~55억 사이에서 매출액이 결정되어야 할 것이다. 만일에 이 범위를 넘어간다면 회귀함수의 모양은 달라지게 되어 그 신뢰성은 매우 의심스러운 것 이 된다.

■

위에서 얻어진 회귀선에서 잔차를 구하려면 $e_i = Y_i - \hat{Y}_i = Y_i - (40.562 + 3.412 X_i)$ 공 식을 이용한다. 예컨대, 25억 원의 경우 잔차는 $100 - (40.562 + 3.412 \times 25) = -25.862$가 된다.

1.2 회귀식의 정도(精度)

앞에서 주어진 자료를 바탕으로 회귀모형을 일차함수로 나타낸 후에 최소제곱법 에 의하여 회귀직선을 구하는 방법을 설명하였다. 그러나 회귀선만으로 관찰치들 을 어느 정도 잘 설명하고 있는지 여부를 알 수 없다. 회귀선의 정도, 즉 회귀선이 관찰 자료를 어느 정도로 설명하는지를 추정하여야 한다.

회귀선의 정도를 추정하는 방법으로는 추정의 표준오차(standard error the estimate), 결정계수(coefficient of determination) 두 가지가 있다. 먼저 추정의 표준오차는 다음과 같은 식으로 계산한다.

$$S_{y \cdot x} = \sqrt{\frac{\sum (Y_i - \hat{Y}_i)^2}{n-2}} = \sqrt{\frac{\sum e_i^2}{n-2}} \qquad \cdots\cdots (식\ 3-9)$$

이 값이 0에 가까울수록 회귀식이 독립변수 X와 종속변수 Y의 관계를 적절하게 설명한다고 볼 수 있다.

예제 2 앞의 [표 3-2]의 표본자료에 대하여 추정의 표준오차를 구하라.

[풀이]

앞의 [표 3-2]에서 잔차를 구한 다음, 각각 제곱하여 합을 구한 후에 자유도 10-2=8로 나누면

$$S_{y \cdot x} = \frac{\sum e_i^2}{n-2} = \frac{4,339.647}{10-2} = 542.456$$

이 된다. 따라서 ε_i의 표준편차 σ에 대한 추정의 표준오차는 다음과 같다.

$$S_{y \cdot x} = \sqrt{\frac{4,339.647}{8}} = 23.291$$

추정의 표준오차는 척도에 따라 값이 달라질 수 있어 해석이 어려운 경우가 많다. 이 문제를 어느 정도 해결해주는 방법으로 결정계수(coefficient of determination)가 있다. 결정계수는 종속변수의 변동 중 회귀식에 의해 설명되는 비율을 의미한다. 결정계수를 구하기 전에 먼저 필요한 개념을 소개하기로 한다.

관찰치 Y_i의 총편차는 다음과 같이 두 부분으로 나눌 수 있다.

$$(Y_i - \bar{Y}) = (Y_i - \hat{Y}_i) + (\hat{Y}_i - \bar{Y})$$

(총편차) (설명 안 되는 편차) (설명되는 편차)

······(식 3-10)

등식 오른쪽의 첫 번째 편차는 회귀선에 의해 나타낼 수 없으므로 이것을 설명 안되는 편차라 부른다. 두 번째 편차는 회귀선으로 나타낼 수 있기 때문에 설명되는 편차라고 부른다. 관찰치 Y_i는 회귀선으로는 표현할 길이 없으며, 추정치 $\hat{Y}_i$는 회귀선에 의해 계산이 가능하며, 그리고 회귀선은 평균치 $\bar{Y}$를 지나기 때문이다. 이와 같이 총편차는 설명 안 되는 편차와 설명되는 편차로 나눌 수 있다. 이것을 그림으로 나타내면 [그림 3-5] 총편차의 구분과 같다.

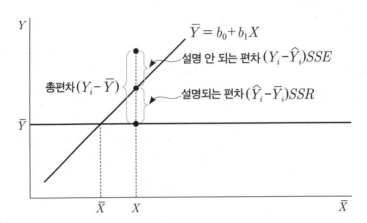

[그림 3-5] 총편차의 구분

식 (3-10)의 양변을 제곱한 후에 모든 관찰치에 대하여 합하면,

$$\sum(Y_i-\overline{Y})^2 = \sum[(Y_i-\widehat{Y}_i)+(\widehat{Y}_i-\overline{Y})]^2$$
$$= \sum(Y_i-\widehat{Y}_i)^2 + (\sum\widehat{Y}_i-\overline{Y})^2 + 2\sum(Y_i-\widehat{Y}_i)(\widehat{Y}_i-\overline{Y})$$

이다. 여기에서 오른쪽 마지막 항은 잔차의 성질에 의하여

$$2\sum e_i(\widehat{Y}_i-\overline{Y}) = 2(\sum\widehat{Y}_i e_i-\overline{Y}\sum e_i) = 0 \text{ 이므로,}$$

$$\sum(Y_i-\overline{Y})^2 = \sum(Y_i-\widehat{Y}_i)^2 + \sum(\widehat{Y}_i-\overline{Y})^2 \qquad\qquad \text{……(식 3-11)}$$
(총편차)   (설명 안 되는 편동) (설명되는 편동)

이 된다.

위 식에서 $\sum(Y_i-\overline{Y})^2$은 총변동(total variation, SST), $\sum(Y_i-\widehat{Y}_i)^2$은 설명 안 되는 변동 (unexplained variation, SSE) 그리고 $\sum(\widehat{Y}_i-\overline{Y})^2$은 설명되는 변동(explained variation, SSR)이라고 부른다. 특히 설명 안 되는 변동은 잔차에 의한 제곱합(SSE: Sum of Squares due to residual Error), 설명되는 변동은 회귀에 의한 제곱합(SSR: Sum of Squares due to Regression)이라고도 한다. 따라서 식 (3-11)은

$$SST = SSE + SSR \qquad\qquad \text{……(식 3-12)}$$

이 된다.

이제 표본결정계수는 다음과 같이 정의된다.

표본의 결정계수

$$r^2 = \frac{SSR}{SST} = 1 - \frac{SSE}{SST}$$

······(식 3-13)

이것은 총변동 중에서 회귀선에 의하여 설명되는 비율을 나타내며, r^2의 범위는 $0 \le r^2 \le 1$이다. 만일에 모든 관찰치들과 회귀선이 일치한다면 $SSE=0$이 되어 $r^2=1$이 된다. 이렇게 되면 X와 Y 사이의 상관관계는 100% 있다고 본다. 왜냐하면 $r^2 = \pm\sqrt{r^2}$이기 때문이다. r^2의 값이 1에 가까울수록 회귀선은 표본의 자료를 설명하는 데 유용성이 높다. 이와 반대로, 관찰치들이 회귀선에서 멀리 떨어져 있게 된다면 SSE는 커지게 되며, r^2의 값은 0에 가까워진다. 이 경우에 회귀선은 쓸모없는 회귀모형이 되고 만다. 따라서 표본결정계수 r^2의 값에 따라 모형의 유용성을 판단할 수 있다.

예제 3 앞의 [표 3-2]의 자료에 대하여 회귀모형 $\hat{Y} = 40.562 + 3.412$를 구했을 때 결정계수를 계산하라.

[풀이]

총변동 SST를 구하면,

$$SST = \sum(Y_i - Y)^2 = (100-170.9)^2 + (256-170.9)^2 + \cdots + (198-170.9)^2$$
$$= 16,302.9$$

이다. 그리고 SSR을 구하면

$$SSR = SST - SSE = 16,302.900 - 4,339.647 = 11,963.253$$

이다.

따라서 표본결정계수

$$r^2 = \frac{SSR}{SST} = \frac{11,963.253}{16,302.900} = 0.734$$

이다. 이 회귀선이 총변동 중에서 설명하는 부분은 73.4%이며, 추정된 회귀선의 정도는 높은 편이다. 따라서 유용한 회귀모형이라고 할 수 있다. 경우에 따라 다르기는 하지만 총변동의 70% 이상을 설명할 수 있는 회귀모형은 유용한 것으로 생각할 수 있다.

1.3 회귀선의 적합성

회귀선이 통계적으로 유의한가(statistically significant)를 검정하는 것은 매우 중요하다. 회귀모형이 아무리 설명력이 높다 하더라도 유의하지 못하면 소용이 없기 때문이다. 회귀선의 적합성(goodness of fit) 여부, 즉 주어진 자료에 적합(fit)시킨 회귀선이 유의한가는 분산분석(analysis of variance)을 통하여 알 수 있다. 이를 위해 분산분석표를 만들면 다음과 같다.

[표 3-3] 단순회귀의 분산분석표

원천	제곱합(SS)	자유도(DF)	평균제곱(MS)	F	임계치
회귀	$SSR = \sum(\hat{Y} - \overline{Y})^2$	k	$MSR = \dfrac{SSR}{k}$	$\dfrac{MSR}{MSE}$	$F[\alpha jk,\ n-(k+1)]$
잔차	$SSR = \sum(Y - \hat{Y})^2$	$n-(k+1)$	$MSE = \dfrac{SSE}{n-k-1}$		
합계	$SSR = \sum(Y - \overline{Y})^2$	$n-1$			

(k = 독립변수의 수이며, 그 값은 1이다.)

위 표에서 평균제곱은 제곱합을 각각의 자유도로 나눈 것이다. 통계량 MSR/MSE는 자유도($k,\ n-(k+1)$)의 F분포를 한다고 알려져 있다. 회귀의 평균제곱 MSR이 잔차의 평균제곱 MSE보다 상대적으로 크다면 X와 Y의 관계를 설명하는 회귀선에 의하여 설명되는 부분이 설명 안 되는 부분보다 크기 때문이다.

회귀선의 검정에 대한 귀무가설과 대립가설은 다음과 같다.

H_0: 회귀선은 유의하지 못하다. 또는 ($\beta_1 = 0$)

H_1: 회귀선은 유의하다. 또는 ($\beta_1 \neq 0$)

F값을 구한 후에 부록의 F분포표를 이용한 유의수준 α에서 임계치 $F_{(\alpha;1,\,n-2)}$를 비교하여서 $F > F_{(\alpha;1,\,n-2)}$이면 회귀선은 유의하다고 결론을 내린다.

예제 4 앞 [표 3–2]의 자료에서 얻어진 회귀선의 분산분석표를 작성하고 유의수준 5%에서 그 회귀선이 유의한지 여부를 검정하라.

[풀이]

분산분석표를 만들면 다음과 같다.

원천	제곱합(SS)	자유도(DF)	평균제곱(MS)	F	$F(0.05)$	$F(0.01)$
회귀	11,963.253	1	11,963.253	22.054	5.32	11.26
잔차	4,339.647	8	542.455			
합계	16,302.900	9				

유의수준 $\alpha = 0.05$에서 $F > F_{(0.05)}$이므로 'H_0: 회귀선은 유의하지 못하다.'라는 귀무가설을 기각시킨다. 따라서 회귀선 $\hat{Y} = 40.562 + 3.412X$는 유의하다고 결론 내릴 수 있다.

회귀모형이 통계적으로 유의하면 계속해서 모집단의 회귀모형에 대하여 추론을 하여야 한다. 만약 분산분석에서 회귀선이 유의하지 않다고 결론이 내려지면 그 회귀모형은 폐기되어야 한다.

1.4 회귀모형의 추론

앞 절에서 개발된 회귀모형의 가정이 모두 성립하며 회귀선이 유의하다고 하자. 그런데 이 회귀선은 단지 표본에서 도출된 것이다. 우리는 표본에서 구한 표본회귀선의 방정식으로부터 모집단 회귀선을 추정해야 하는데, 이것을 회귀분석의 통계적 추론(statistical inference)이라고 한다.

단순회귀분석의 모집단 회귀모형을

$$Y_i = \beta_0 + \beta_1 X_i + \varepsilon_i \qquad \cdots\cdots(식\ 3\text{-}14)$$

여기서, β_0, β_1 = 모수

X_i = 알려진 상수

ε_i = 독립적이며 $N(0,\ \sigma^2)$

$Cov(\varepsilon_i, \varepsilon_j) = 0$(단 $i \neq j$)

이라고 하자. 실제 모집단에 속해 있는 관찰치를 모두 얻는 것은 불가능하므로, 모집단으로부터 n개의 관찰치를 추출하여서 표본회귀직선

$$\hat{Y}_i = \beta_0 + \beta_1 X_i \qquad \cdots\cdots(식\ 3\text{-}15)$$

을 추정하는 것이다. 여기서 $\hat{Y}_i$는 Y_i, b_0는 β_0 그리고 b_1은 β_1의 점추정량들이다. 이 추정량들은 평균과 분산을 가지고 있으므로 모수들에 대한 구간추정과 가설검정을 할 수 있는 통계적 근거를 마련해준다.

1) β_1의 신뢰구간 추정

일반적으로 식 (3-15)의 회귀모형 기울기 β_1의 추정에 관하여 관심을 가지는 경우가 많다. 우리가 관심을 갖는 β_1에 대한 가설검정은 다음과 같다.

H_0: $\beta_1 = 0$

H_0: $\beta_1 \neq 0$

만약 귀무가설이 기각되지 않으면, 독립변수가 종속변수를 예측하는 데 도움이 되지 못하는 것을 나타낸다. 위의 가설검정을 위한 검정통계량은 다음과 같은 분포를 따른다.

가설검정 통계량 t분포

$$\frac{b_1 - \beta_1}{S_{b_1}} \text{ 은 } t(n-2) \text{ 분포를 한다.} \qquad \cdots\cdots(\text{식 } 3\text{-}16)$$

---

n개의 표본에서 $n-2$의 자유도를 가지게 된 이유는 β_0, β_i의 두 모수가 추정되어야 하기 때문에 2개의 자유도를 잃게 된 것이다.

그리고 β_1에 대한 신뢰구간은 다음과 같다.

β_1의 신뢰구간

$$\beta_1 \in b_1 \pm t(\frac{\alpha}{2}, n\text{-}2) \cdot S_{b_1} \qquad \cdots\cdots(\text{식 } 3\text{-}17)$$

$$\text{여기서, } S_{b_1} = \sqrt{\frac{MSE}{\sum(X-\overline{X})^2}}, \quad MSE = \frac{\sum(Y_i - \widehat{Y}_i)^2}{n-2}$$

위의 식에서 σ^2을 아는 경우에는 MSE 대신에 σ^2을 대치할 수 있으며, 표본의 크기가 충분히 큰 경우에는 t 대신에 Z를 쓰면 된다.

예제 5 앞의 자료에서 기울기 β_1의 95% 신뢰구간을 구하라.

[풀이]

$$S_{b_1}^2 = \frac{MSE}{\sum(X_i-\bar{X})^2} = \frac{542.455}{1,027.6} = 0.528$$

여기서, $\sum(X_i-\bar{X})^2 = \sum X_i^2 - \frac{(\sum X_i)^2}{n} = 15,620 - \frac{(382)^2}{10} = 0.528$ 이다. 그리고 S_{b1} $=0.727$이며 $t(\frac{0.05}{2}, 10-2)=2.306$ 이다. 따라서 기울기 모수의 신뢰구간은

$$\beta_1 \in 3.412 \pm (2.306)(0.727)$$
$$= [1.736, 5.088]$$

이다. 그러므로 광고액을 1억 원 증가시키면 95% 신뢰수준에서 매출액은 1.736 ~ 5.088(억 원) 사이로 증가한다. 그러나 이 숫자는 X의 주어진 자료의 범위 25 ~ 55 사이에서만 타당하다고 본다. 이 범위를 넘어서는 경우에는 신뢰구간의 적용이 적절하지 못할 수도 있다.

2) β_0의 신뢰구간 추정

회귀선의 절편인 β_0의 추론은 흔한 경우가 아니다. 이것에 대한 추론은 그 모형의 기울기가 0인 경우에 하게 된다. β_0의 신뢰구간은 다음과 같다.

β_0의 신뢰구간

$$\beta_0 \in b_0 \pm t(\frac{\alpha}{2}, n-2) \cdot S_{b_0} \qquad \cdots\cdots(\text{식 } 3-18)$$

여기서, $S_{b_0} = \sqrt{\dfrac{MSE}{n\sum(X_i-\bar{X})^2}}$, $MSE = \dfrac{\sum(Y_i-\hat{Y}_i)^2}{n-2}$

예제 ⑥   앞의 자료에서 절편 β_0의 95% 신뢰구간을 구하라.

[풀이]

$$S_{b_0} = \sqrt{542.455 \times \frac{15,620}{(10)(1,027.6)}} = 28.715$$

$$\beta_0 \in 40.562 \pm (2.306)(28.715) = 40.562 \pm 66.217$$

$$\therefore \ -22.655 \leq \beta_0 \leq 106.779$$

이 경우에 비록 Y 절편의 신뢰구간을 구하였지만 의미는 없다고 본다. 왜냐하면 X 수준의 통계자료를 보면 $X=0$은 그 범위 안에 포함되어 있지 않기 때문이다.

3) $E(\widehat{Y}_h)$의 신뢰구간 추정

회귀분석의 중요한 목적 중의 하나는 Y 확률분포의 평균을 추정하는 것이다. 독립변수(X)의 어떤 수준치를 X_h라 하면 X_h는 회귀모형의 범위 안에 있는 값이다. $X = X_h$일 때 평균반응치를 $E(Y_h)$라고 하면 $\widehat{Y}_h$는 이것의 점추정량이다.

$$\widehat{Y}_h = b_0 + b_1 X_h$$

이제 $\widehat{Y}_h$의 표본분포에 대하여 알아보자. $\widehat{Y}_h$의 표본분포는 정규적이며, 기대치와 분산은 다음과 같다.

> **$\overline{Y}_h$의 기대치와 분산**
>
> $$E(\widehat{Y}_h) = E(Y_h) \qquad\qquad \cdots\cdots(식\ 3\text{-}19)$$
> $$Var(\widehat{Y}_h) = \sigma^2 \left[\frac{1}{n} + \frac{(X_h - \overline{X})^2}{\sum(X_i - \overline{X})^2} \right]$$

만일 σ^2의 값을 모르는 경우 식 (3-19)에서 $\widehat{Y}_h$ 분산의 추정치,

$$Var(\widehat{Y}_h) = MSE \left[\frac{1}{n} + \frac{(X_h - \overline{X})^2}{\sum(X_i - \overline{X})^2} \right]$$

을 얻을 수 있다.

식 (3-16)에서와 마찬가지로 통계량 $\dfrac{\hat{Y}_h - E(\hat{Y}_h)}{S_{\hat{y}_h}}$는 자유도 $n-2$를 가진 t분포를 한다. 따라서 X의 주어진 값 X_h에 대한 $E(\hat{Y}_h)$의 신뢰구간은 다음과 같다.

> **X의 주어진 값 X_h에서 $E(\hat{Y}_h)$의 신뢰구간**
>
> $$E(\hat{Y}_h) \in \hat{Y}_h \pm t(\frac{\alpha}{2},\, n-2) \cdot S_{\hat{Y}_h} \qquad \cdots\cdots(\text{식 } 3\text{-}20)$$
>
> 여기서, $S_{\hat{y}_h} = \sqrt{MSE\left[\dfrac{1}{n} + \dfrac{(X_h - \bar{X})^2}{\sum(X_i - \bar{X})^2}\right]}$

표본이 충분히 큰 경우에는 t값 대신에 Z값을 대치하면 된다. 왜냐하면 표본의 크기가 증가할수록 분포는 표준정규분포에 가까워지기 때문이다.

예제 7 앞의 예제에서 광고액이 30억 원인 경우와 50억 원인 경우에 매출액에 대한 95% 신뢰구간을 구하라.

[풀이]

① $X_h = 30$인 경우

$$\hat{Y}_h = 40.562 + 3.412X = 40.562 + 3.412(30) = 142.922$$

$$S_{\hat{y}_h} = \sqrt{542.455 \cdot \left[\frac{1}{10} + \frac{(30-38.2)^2}{1,027.6}\right]} = 9.473$$

$$t(\frac{0.05}{2},\, 8) = 2.306 \text{이므로}$$

$$E(\hat{Y}_h) = 142.922 \pm (2.306)(9.473)$$
$$= 142.922 \pm 21.845$$

따라서 광고액이 30억 원인 경우 매출액 규모는 121.077∼164.767억 원임을 예측할 수 있다.

② X_h=50인 경우

$$\widehat{Y}_h=40.562+3.412X=40.562+3.412\times 50=211.162$$

$$S_{\widehat{y}_h}=\sqrt{542.455\cdot\left[\frac{1}{10}+\frac{(50-38.2)^2}{1,027.6}\right]}=11.303$$

$$E(\widehat{Y}_h)=211.162\pm(2.306)(11.303)$$
$$=211.162\pm26.065$$

따라서 광고액이 50억 원인 경우 매출액의 규모는 185.097~237.227억 원임을 예측할 수 있다.

■

위의 두 가지 예에서 보면 X의 값이 평균에 가까울수록 신뢰구간이 작게 나타난다. 이것은 X의 값이 $\overline{X}$에 가까울수록 $E(\widehat{Y}_h)$의 값을 비교적 정확하게 예측할 수 있다는 의미를 갖는다. 이것을 그림으로 나타내면 [그림 3-6]과 같다. 평균에서 잘록한 모양의 영역을 얻게 되는데, 이것을 신뢰대(confidence band)라고 한다.

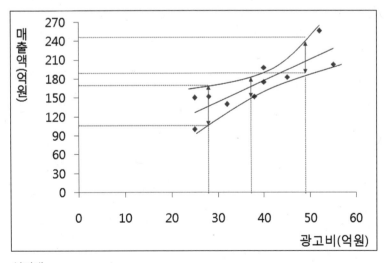

[그림 3-6]   신뢰대

지금까지 설명한 회귀분석 절차를 요약하면 다음과 같다.

> **회귀분석의 절차**
>
> ① 산포도를 그려서 자료 변동의 대략적인 추세를 살펴본다.
>
> ② 회귀모형의 형태를 결정한다. 일반적으로 곡선보다는 직선의 선형모형이 많이 이용된다.
>
> ③ 회귀모형의 계수와 정도를 구한다.
>
> ④ 회귀모형이 통계적으로 유의한가를 검정한다.
>
> ⑤ 유의한 회귀모형에 대하여 추론을 한다.

1.5 상관계수

우리는 표본 관찰치들로부터 구해진 회귀직선 $\hat{Y}_i = b_0 + b_1 X_i$을 얻을 수 있다. 이때 X_i는 주어진 값이고 Y_i만이 확률변수라고 가정하였다. 여기서 오차 $Y_i - \hat{Y}_i$의 크기를 평균 개념에 의해서 회귀의 표준오차로 측정하였다. 그러나 상관분석에서는 X, Y 두 변수를 모두 확률변수로 가정하며, 두 변수의 선형관계가 얼마나 강한가 하는 것을 지수로 측정하게 된다. 두 변수의 선형관계의 방향과 정도를 나타내는 측정치를 상관계수(correlation coefficient)라고 하는데, 모집단의 상관계수 ρ (rho)는 다음과 같다.

$$\rho = \frac{\sigma_{xy}}{\sigma_x \sigma_y}, \; - \le \rho \le 1 \qquad\qquad \cdots\cdots(\text{식 } 3\text{-}21)$$

여기서, σ_{xy}는 X와 Y 두 변수의 공분산이며, σ_x와 σ_y는 각각 X와 Y의 표준오차이다.

이제 $\sum(X_i - \bar{X}) = \sum X_i^*$, $\sum(Y_i - \bar{Y}) = \sum Y_i^*$ 이라고 하자. 모집단 상관계수는 표본 상관계수를 나타내는

$$r = \frac{\sum X_i^* Y_i^*}{\sqrt{\sum X_i^{*2}} \sqrt{\sum Y_i^{*2}}} \qquad\qquad \cdots\cdots(\text{식 } 3\text{-}22)$$

에 의하여 추정된다. 최소제곱법에 의하여 얻어진 회귀직선의 기울기

$$b_1 = \frac{\sum X_i^* Y_i^*}{\sum X_i^{*2}} \qquad\qquad \cdots\cdots(\text{식 } 3\text{--}23)$$

이므로, 식 (3-21)과 식 (3-22)에서

$$r = b_1 \frac{\sqrt{\sum X_i^{*2}}}{\sqrt{\sum Y_i^{*2}}} = b_1 \frac{S_x}{S_y} \qquad\qquad \cdots\cdots(\text{식 } 3\text{--}24)$$

또는

$$b_1 = r \frac{\sqrt{\sum Y_i^{*2}}}{\sqrt{\sum X_i^{*2}}} = r \frac{S_y}{S_x}$$

여기서 알 수 있는 것은 b_1가 일정하다고 할 때 Y에 비해 X의 표준편차가 클수록 상관관계는 커진다고 할 수 있다.

식 (3-22)에서 알 수 있는 바와 같이, 상관계수는 결정계수의 제곱근의 값이며, 그 부호는 기울기의 것과 같음을 알 수 있다. 예제에서 보면 결정계수 $r^2 = 0.734$이므로 표본상관계수 $r = +0.857$이 되어 광고액(X)과 매출액(Y) 사이의 관계는 매우 강한 양의 상관관계가 있다고 말할 수 있다.

1.6 회귀모형의 타당성

회귀모형이 정해졌을 때, 누구도 이것이 적절하다고 쉽게 단언할 수 없다. 따라서 본격적인 회귀분석을 하기 전에 자료분석을 위한 회귀모형의 타당성을 검토하는 것은 중요하다.

첫째, 결정계수 r^2이 지나치게 작아서 0에 가까우면, 회귀선은 적합하지 못하다.
둘째, 분산분석에서 회귀식이 유의하다는 가설이 기각된 경우에는 다른 모형을 개발하여야 한다.
셋째, 적합결여검정(lack-if-fit test)을 통하여 모형의 타당성을 조사한다.
넷째, 잔차(residual)를 검토하여 회귀모형의 타당성을 조사한다.

여기서는 잔차의 분석에 대해서만 설명한다. 무엇보다도 회귀모형이 타당하려면 잔차들이 X축에 대하여 임의(random)로 나타나 있어야 한다. 다음의 [그림 3-7] 잔차의 산포도 중에서 (a)만이 전형적인 산포도를 보이고 있어 회귀직선은 타당하다고 할 수 있다. 나머지는 무엇인가 조치를 취하여야 한다.

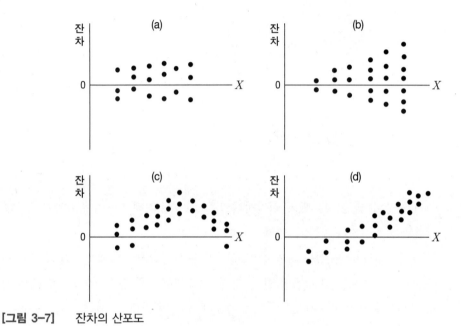

[그림 3-7]   잔차의 산포도

중회귀분석

2.1 중회귀모형

앞 절에서는 독립변수와 종속변수가 각각 하나인 경우의 회귀분석을 공부하였다. 여러 개의 독립변수가 있어, 독립변수들이 종속변수에 어떻게 영향을 미치고 있는가를 분석하는 것이 중회귀분석(multiple regression analysis)이다.

예를 들어, 회사의 매출액은 단지 광고액에 의존할 뿐만 아니라 추가로 영업사원 수에 의하여 영향을 받는다고 생각할 수 있다. 이 연구를 위하여 얻어진 자료가 다음과 같다. 이 자료는 앞의 [표 3-1]에서 영업사원 수를 추가한 것이다

[표 3-4] 광고액, 영업사원 수, 매출액

가구	광고액(억 원)	영업사원 수(명)	매출액(억 원)
1	25	3	100
2	52	6	256
3	38	5	152
4	32	5	140
5	25	4	150
6	45	7	183
7	40	5	175
8	55	4	203
9	28	2	152
10	42	4	198

위의 자료에서 $Y=$ 매출액, $X_1=$ 광고액, $X_2=$ 영업사원 수라고 할 때 선형중회귀 모형을 세워보면 다음과 같다.

중회귀모형

$$Y = \beta_0 + \beta_1 X_1 + \beta_2 X_2 + \varepsilon \qquad \cdots\cdots(\text{식 } 3\text{-}25)$$

여기서, β_0, β_1, β_2는 회귀계수이다.

$\varepsilon =$ 오차항으로서 $N(0,\ \sigma^2)$이며 독립적이다.

β_0, β_1, β_2의 추정치 b_0, b_1, b_2는 단순회귀분석의 경우와 비슷하게 $Q = \sum e^2 = \sum(Y - \hat{Y})^2$을 최소화하는 최소제곱법을 이용하여 구해진다. 이에 대한 정규방정식(normal equation)을 구하면 다음과 같다.

$$\sum Y = nb_0 + b_1 \sum X_1 + b_2 \sum X_2$$

$$\sum X_1 Y = b_0 \sum X_1 + b_1 \sum X_1^2 + b_2 \sum X_1 X_2$$

$$\sum X_2 Y = b_0 \sum X_2 + b_1 \sum X_1 X_2 + b_2 \sum X_2^2 \qquad \cdots\cdots(\text{식 } 3\text{-}26)$$

방정식과 미지수가 각각 세 개이므로 β_0, β_1, β_2에 대한 추정치 b_0, b_1, b_2를 구할 수 있다. 이를 위해 표를 만들면 다음과 같다.

[표 3-5] 중회귀모형의 계수 계산

가구 수	Y	X_1	X_2	$X_1 \cdot Y$	$X_2 Y$	$X_1 X_2$	Y^2	X_1^2	X_2^2
1	100	25	3	2,500	300	75	10,000	625	9
2	256	52	6	13,312	1,536	312	65,536	2,704	36
3	152	38	5	5,776	760	190	23,104	1,444	25
4	140	32	5	4,480	700	160	19,600	1,024	25
5	150	25	4	3,750	600	100	22,500	625	16
6	183	45	7	8,235	1,281	315	33,489	2,025	49
7	175	40	5	7,000	875	200	30,625	1,600	25
8	203	55	4	11,165	812	220	41,209	3,025	16
9	152	28	2	4,256	304	56	23,104	784	4
10	198	42	4	8,316	792	168	39,204	1,764	16
합계	1,709	382	45	68,790	7,960	1,796	308,371	15,620	221

그러므로

$$1,709 = 10b_0 + 382b_1 + 45b_2$$
$$68,790 = 382b_0 + 15,620b_1 + 1,7696b_2$$
$$7,960 = 45b_0 + 1,796b_1 + 221b_2 \qquad \cdots\cdots(식\ 3\text{-}27)$$

에서 식과 변수가 모두 셋이므로 이 연립방정식을 풀면 $b_1 = 3.37$, $b_2 = 0.53$, $b_0 = 39.69$이다. 따라서 중회귀식은 다음과 같다.

$$\widehat{Y} = 39.69 + 3.37X_1 + 0.53X_2$$

변수와 관찰치의 수가 많을 때에는 계산이 매우 복잡해진다. 이 경우에 손으로 계산하는 것은 많은 노력을 요하기 때문에 일반적으로 컴퓨터를 이용한다.

추정을 위해서 회귀식의 사용 예를 들어보자. 어느 기간의 광고비가 30억 원이고 영업사원 수가 4명이라 가정하자. 이 회사의 매출액을 추정하면 다음과 같다.

$$\hat{Y} = 39.69 + 3.37(30) + 0.53(4)$$
$$= 142.91(억 원)$$

두 개의 독립변수를 가지고 있는 중회귀모형에서는 각 계수들을 단순회귀모형의 것과 비슷하게 해석한다. 상수 b_0는 절편으로서 X_1과 X_2가 모두 0일 때 갖는 $\hat{Y}$의 값을 나타낸다. 그리고 b_1은 X_2가 고정되어 있을 때 X_1의 한 단위 증가에 따른 $\hat{Y}$의 변화이며, b_2는 X_1이 고정되어 있을 때 X_2의 한 단위 증가에 따른 $\hat{Y}$의 변화이다.

2.2 중회귀식의 정도(精度)

회귀식의 정도는 회귀식이 관찰 자료를 어느 정도 설명하고 있는가를 나타낸다. 이를 위해서는 추정의 표준오차와 결정계수가 있다. 전자는 앞 절에서 설명한 개념과 유사하며 흔히 사용되지는 않는다. 여기서는 연구자들이 가장 많이 이용하는 결정계수에 대해서만 설명한다.

결정계수는 표본자료로부터 추정한 회귀방정식의 표본을 어느 정도로 나타내어 설명하고 있는가를 보여준다. 단순회귀분석에서 표본결정계수 r^2은 식 (3–13)에서

$$r^2 = 1 - \frac{SSE}{SST} = \frac{SSR}{SST} \qquad \cdots\cdots(식\ 3\text{–}28)$$

이다. 이 표본결정계수와 약간 다른 것을 소개하면 다음과 같다.

$$r_a^2 = 1 - \frac{S_{y\cdot x}^2}{S_y^2} = 1 - \frac{\sum(Y - \hat{Y})^2/n\text{–}2}{\sum(Y - \overline{Y})^2/n\text{–}1}$$
$$= 1 - \frac{SSE/n\text{–}2}{SST/n\text{–}1} \qquad \cdots\cdots(식\ 3\text{–}29)$$

이 r_a^2은 수정결정계수(adjusted coefficient of determination)라고 부른다. 이 결정계수

는 각각의 적절한 자유도에 의하여 수정되었기 때문이다. 모집단의 결정계수를 추정할 때에 일반적으로 r^2보다는 $r_a{}^2$이 더 많이 사용된다. 그런데 표본의 수가 큰 경우에는 두 표본결정계수는 거의 같아진다.

이제 예제에서 중회귀모형의 중회귀결정계수 R^2은 다음과 같이 계산한다.

$$R^2 = \frac{SSR}{SST} = 1 - \frac{SSE}{SST} = 1 - \frac{\sum(Y-\widehat{Y})^2}{\sum(Y-\overline{Y})^2} = 0.734 \qquad \cdots\cdots(식\ 3-30)$$

그리고 중회귀수정결정계수 $R_{y\cdot12}^2$을 계산하면

$$R_{y\cdot12}^2 = 1 - \frac{\sum(Y-\widehat{Y})^2/n-3}{\sum(y-\overline{Y})^2/n-1} = 0.658 \qquad \cdots\cdots(식\ 3-31)$$

이다.

따라서 R^2을 보면 매출액에서의 변동 중에서 73.4%는 광고액과 영업사원 수에 관련된 회귀식에 의해서 설명되었다. 이 숫자는 단순회귀식의 $r^2=0.734$와 비교해보면 거의 변함이 없음을 알 수 있다. 이것은 매출액의 변동을 설명하기 위하여 추가된 두 번째 변수인 영업사원 수는 도움이 되지 못함을 나타낸다. 매출액의 변동은 이미 광고액에 의하여 설명된 셈이다. 이러한 이유는 사실 독립변수들 사이의 높은 상관관계 때문이다. 일단 광고액(X_1)이 고려되면 영업사원 수(X_2)는 이 변수(X_1)와 함께 움직이게 되므로 영업사원 수는 광고액의 잔차변동을 거의 설명해주지 못한다.

중회귀분석에 있어서 고려해야 할 중요한 개념은 독립변수들 사이의 상관관계를 나타내는 다중공선성(multicollinearity)이다. 이 다중공선성은 각 독립변수의 역할을 강조하는 데에서 문제가 야기된다. 대부분의 경우 독립변수들은 종속변수에 대하여 합동으로 영향을 주며, 이 문제를 해결하려면 각 독립변수의 기여도를 개별적으로 분리해볼 필요가 있다.

2.3 중회귀식의 적합성

회귀식이 통계적으로 유의한지 여부를 검정하기 위하여 독립변수가 k개인 중회귀식의 분산분석표를 만들면 [표 3-6]과 같다.

[표 3-6]   중회귀분석의 분산분석표

원천	제곱합(SS)	자유도(DF)	평균제곱(MS)	F
회귀	$SSR=\sum(\widehat{Y}-\overline{Y})^2$	k	$MSR=\dfrac{SSR}{k}$	$\dfrac{MSR}{MSE}$
잔차	$SSR=\sum(Y-\widehat{Y})^2$	$n-(k+1)$	$MSE=\dfrac{SSE}{n-k-1}$	
합계	$SSR=\sum(Y-\widehat{Y})^2$	$n-1$		

검정 절차는 단순회귀분석에 준한다.

예제에서 선형회귀식 $\widehat{Y}=39.69+3.37X_1+0.53X_2$의 유의성 여부를 유의수준 $\alpha=0.05$에서 검정하기 위하여 분산분석표를 만들면 다음과 같다.

[표 3-7]   분산분석표

원천	제곱합(SS)	자유도(DF)	평균제곱(MS)	F	$F(0.05)$
회귀	11,966.86	2	5983.43	9.66	4.74
잔차	4,336.04	7	619.43		
합계	16,302.90	9			

검정을 위하여 가설을 세우면

H_0: $\beta_1 = \beta_2 = 0$

H_1: 적어도 둘 중의 하나는 0이 아니다.

F검정의 임계치 $F_{(0.05;2,\,7)}=4.74$는 9.66보다 작으므로 H_0을 기각한다. 따라서 이 중회귀모형은 유의하다라고 할 수 있다.

R을 이용한 회귀분석 예제

3.1 단순회귀분석

1. 앞에서 다룬 데이터를 엑셀창에 입력한다.

[그림 3-8] 데이터 입력창 　　　　　　　　　　　　　　　　　[데이터] ch3.csv

2. 이어 R 프로그램을 실행하기 위해서 [R] 버튼을 누른다. 이어 데이터(ch3. csv)를 불러오기를 하기 위해서 다음과 같은 명령어를 입력한다.

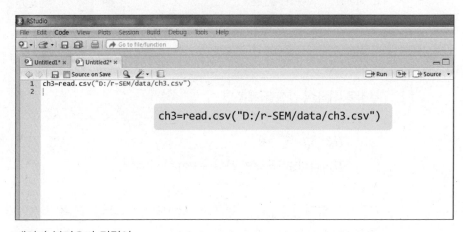

```
ch3=read.csv("D:/r-SEM/data/ch3.csv")
```

[그림 3-9] 데이터 불러오기 명령어

3. 이어 회귀분석을 실시하기 위한 명령어를 입력한다.

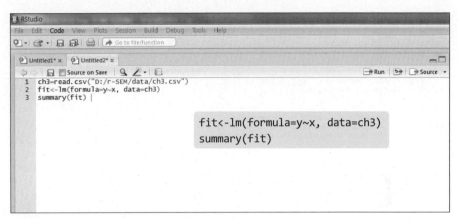

[그림 3-10]　회귀분석 실행 명령어　　　　　　　　　　　　　　[데이터] ch3.csv

'fit<-lm(formula=y~x, data=ch3)'에서 회귀분석을 위한 명령어는 'lm'이다. 입력식(formula)은 종속변수(y)를 앞에 위치시키고, 물결 표시(~) 다음에 독립변수(x)를 위치시킨다. 그리고 분석할 데이터는 'ch3'임을 나타낸다. 회귀분석의 전반적인 내용을 결과물로 나타내기 위해서 'summary(fit)' 명령어를 입력한다. 만약 종속변수가 1개이고 독립변수가 2개 이상인 중회귀분석의 경우는 'fit<-lm(formula=y~x1+x2+⋯xn)'을 입력한다. 변수가 추가될 경우 플러스(+) 표시를 한다는 사실을 잊지 말자. 나머지는 동일하다.

4. 다음과 같이 마우스로 범위를 정한 다음 ⬛➡Run 버튼을 눌러 실행한다.

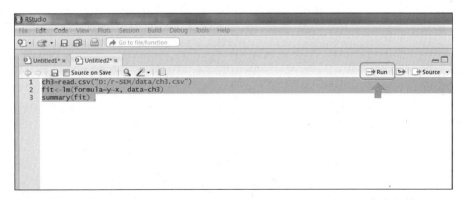

[그림 3-11]　회귀분석 실행 명령어　　　　　　　　　　　　　　[데이터] ch3.R

5. 그러면 다음과 같은 결과를 얻을 수 있다.

```
Console ~/ 
Call:
lm(formula = y ~ x, data = ch3)

Residuals:
    Min      1Q  Median      3Q     Max
-25.861 -16.439  -5.894  15.461  38.014

Coefficients:
            Estimate Std. Error t value Pr(>|t|)
(Intercept)  40.5605    28.7151   1.413  0.19550
x             3.4120     0.7266   4.696  0.00155 **
---
Signif. codes:  0 '***' 0.001 '**' 0.01 '*' 0.05 '.' 0.1 ' ' 1

Residual standard error: 23.29 on 8 degrees of freedom
Multiple R-squared:  0.7338,    Adjusted R-squared:  0.7005
F-statistic: 22.05 on 1 and 8 DF,  p-value: 0.001549

> |
```

[그림 3-12]   회귀분석 실행 명령어

결과 해석 하단의 결과를 보면 결정계수(Multiple R-squared)는 0.7338임을 알 수 있다. 수정결정계수(Adjusted R-squared)는 0.7005이다. F-통계량(F-statistic)=22.05이고 회귀(regression)의 자유도는 1이고, 잔차의 자유도는 8이다. 이에 대한 확률은 0.001549이다. 이는 추정회귀식 $\hat{y}=40.5605+3.4120x$이 $\alpha=0.05$에서 유의함(의미 있음)을 나타낸다. x(광고액)의 비표준화계수(Estimate)는 3.412이고 표준오차(std. Error)는 0.7266, t값(t-value)은 4.696이다. 이에 대한 확률은 0.001549이다. x(광고액)은 $\alpha=0.05$에서 유의함(의미 있음)으로 해석하면 된다.

3.2 중회귀분석

1. 앞에서 다룬 중회귀분석 예제를 다음과 같이 엑셀창에 입력하고 ch31.csv로 저장한다.

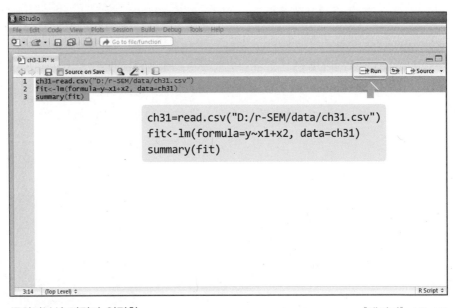

[그림 3-13] 데이터 입력창   [데이터] ch31.csv

2. 이어 R 프로그램을 실행하기 위해서 ![R] 버튼을 누른다. 다음과 같은 명령어를 입력한다. 그리고 다음과 같이 마우스로 범위를 정한 다음 ![Run] 버튼을 눌러 실행한다.

```
ch31=read.csv("D:/r-SEM/data/ch31.csv")
fit<-lm(formula=y~x1+x2, data=ch31)
summary(fit)
```

[그림 3-14] 중회귀분석 명령어 입력창   [데이터] ch3-1.R

```
Call:
lm(formula = y ~ x1 + x2, data = ch31)

Residuals:
    Min      1Q  Median      3Q     Max
-25.589 -16.909  -6.247  16.258  37.766

Coefficients:
            Estimate Std. Error t value Pr(>|t|)
(Intercept)  39.6892    32.7423   1.212  0.26477
x1            3.3722     0.9360   3.603  0.00871 **
x2            0.5321     6.9756   0.076  0.94133
---
Signif. codes:  0 '***' 0.001 '**' 0.01 '*' 0.05 '.' 0.1 ' ' 1

Residual standard error: 24.89 on 7 degrees of freedom
Multiple R-squared:  0.734,    Adjusted R-squared:  0.658
F-statistic: 9.659 on 2 and 7 DF,  p-value: 0.009703
```

[그림 3-15] 중회귀분석 결과창

결과 해석 ┃ 결과 하단을 보면 결정계수(Multiple R-squared)는 0.734임을 알 수 있다. 수정결정계수(Adjusted R-squared)는 0.658이다. F-통계량(F-statistic)=9.6595이고 회귀(regression)의 자유도는 2(독립변수의 개수)이고, 잔차의 자유도는 7이다. 이에 대한 확률은 0.009703이다. 이는 추정회귀식 $\hat{y}$=39.6892+3.3722x_1+0.5321x_2이 α=0.05에서 유의함(의미 있음)을 나타낸다. $x1$(광고액)의 비표준화계수(Estimate)는 3.3722이고 표준오차(std. Error)는 0.9360, t값(t-value)은 3.603이다. 이에 대한 확률은 0.00871이다. $x1$(광고액)은 α=0.05에서 유의함(의미 있음)으로 해석하면 된다. $x2$(영업사원 수)의 경우 비표준화계수(Estimate)는 0.5321이고 표준오차(std. Error)는 6.9756, t값(t-value)은 0.076이다. 이에 대한 확률은 0.94133이다. $x2$(영업사원 수)는 α=0.05에서 유의하지 않은 것으로 해석하면 된다.

연습문제

1. 다음 자료를 이용하여 회귀분석 문제를 해결하라.

x1	x2	y
2	16	10
5	10	11
5	13	15
9	10	15
7	2	20
11	8	24
16	7	27
20	4	32

[데이터] ex31.csv

1) R 프로그램을 이용하여 $y = f(x1, x2)$에 관한 중회귀분석을 실시하고 추정회귀식을 만들어라.

2) $\alpha = 0.05$에서 유의한 독립변수를 찾아라.

3) $x1 = 8$, $x2 = 9$인 경우 y를 예측하라.

4장 **경로분석**

계수's 생각

어떤 환경에서도 살아남을 수 있는
생존력이 중요하다.

- 경로분석의 개념을 이해한다.
- 연구모형과 연구가설의 개념을 이해한다.
- 경로분석의 기본 가정을 이해한다.
- 경로분석의 결과를 제대로 해석할 수 있다.

제1절 경로분석의 개념

경로분석(path analysis)은 연구자나 이해관계자가 관심을 갖고 있는 현상의 원인과 결과로 생각되는 원인변수와 결과변수의 관계를 분석하는 방법이다. 경로분석은 회귀분석을 연장한 분석방법이다. 경로분석은 다양한 독립변수와 종속변수의 관계를 분석하는 방법이다. 일반 통계 프로그램에서는 독립변수가 여러 개이고 종속변수가 하나인 경우에만 회귀분석이 가능하다. 아니면 복잡한 연구모형의 분석은 2단계 최소제곱법(2-stage least squared)을 이용할 수 있다. 2단계 최소제곱법은 회귀분석방법을 연속적으로 이용하는 방법이다. 경로분석은 회귀분석의 대체가 아닌 회귀분석의 보완적인 분석방법이다. 반면에 구조방정식모델 분석 프로그램에서는 독립변수가 여러 개이고 종속변수도 여러 개인 경우에 분석이 가능하다. 이러한 이유로 경로분석을 동시방정식모형(simultaneous equation model)이라고도 부른다. 동시방정식모형은 제3장에서 다룬 회귀분석의 묶음이라고 할 수 있다.

연구자는 논리적인 배경과 경험적인 사실에 의해서 경로도형 모형을 구축하는 것이 중요하다. 경로분석 모형구축에서 심각하게 고민해봐야 할 사항은 변수 간의 시간적인 우선순위가 명징해야 한다는 사실이다. 경로분석은 측정변수 간의 경로설정에 하나하나 혼신의 힘을 쏟아야 한다. 아무리 좋은 분석결과가 나왔다고 하더라도 논리적인 구조가 엉성하면 훌륭한 연구로 인정받을 수 없다. 연구자는 책 읽기와 논문 읽기를 통해서 이론을 축적하고 실생활의 경험을 통해서 탄탄한 경로모형을 구축할 필요가 있다.

이 연구모형을 실증분석하려면 우선 직접조사를 실시해야 한다. 이를 위해서는 설문지를 작성하여야 한다. 회귀분석의 연장인 경로분석에서는 정량적인(등간척도, 비율척도) 독립변수와 정량적인 종속변수(등간척도, 비율척도)를 이용한다.

사실, 경로분석이 차이분석(t검정, 분산분석, 카이제곱검정)에 비해서 강력한 이유는 각 변수의 전후 관계를 계산할 수 있기 때문이다. 경로분석은 누구나 용이하게 접근할 수 있어 생각보다 그 이상의 강력한 힘을 발휘한다. 연구자는 실증자료를 연구자가 구상하는 연구모형과 연결하면 된다. 연구자는 경로분석 결과로 경로 간의 상대적인 크기를 알 수 있다. 경로 간의 상대적인 크기로 의사 결정을 보다 용이하게 할 수 있다.

경로분석에는 공분산행렬이나 상관행렬 자료가 이용된다. 공분산행렬은 편차제곱의 합을 말한다. 상관행렬은 공분산을 해당 변수의 표준편차로 나눈 값이다. 즉 상관행렬에 나타난 상관계수는 공분산을 표준화한 값이라고 생각하면 된다. 표준화한 값의 평균은 0이고 표준편차는 1이다.

앞에서 잠시 설명한 경로분석의 예를 연구모형과 연구가설로 나타낼 수 있다. 연구모형(research model)은 연구자가 탄탄한 이론이나 경험 지식을 배경으로 구축한 그림, 수학적인 식, 잠정적인 표현이라고 할 수 있다. 어느 연구자가 대학생들의 고등학교 때 성취도(성적, IQ, 동기부여 정도)가 대학교의 학업성취도(선택학점, 필수학점)에 미치는 영향에 대해서 관심을 갖고 연구하고 있다고 하자. 이 연구를 위해서 다음과 같은 연구모형과 연구가설을 설정할 수 있다.

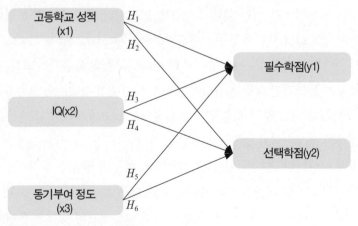

[그림 4-1]   대학생 학업성취 연구모형

연구가설 1(H_1): 고등학교의 성적은 필수학점에 유의한 영향을 미칠 것이다.

연구가설 2(H_2): 고등학교의 성적은 선택학점에 유의한 영향을 미칠 것이다.

연구가설 3(H_3): IQ는 필수학점에 유의한 영향을 미칠 것이다.

연구가설 4(H_4): IQ는 선택학점에 유의한 영향을 미칠 것이다.

연구가설 5(H_5): 동기부여 정도는 필수학점에 유의한 영향을 미칠 것이다.

연구가설 6(H_6): 동기부여 정도는 선택학점에 유의한 영향을 미칠 것이다.

경로분석의 기본 가정

경로분석은 기본 가정에서 출발한다. 첫째, 변수들 간의 연결(구조)은 선형적(linear)이고 부가적(additive)이다. 이는 변수들 간의 연결 구조는 직선적이고 다음 변수의 경로계수는 앞의 영향력을 받는 것을 말한다. 둘째, 경로분석에서 하나의 측정변수가 잠재요인이 된다. 하나의 측정변수가 여러 측정변수를 대변하는 잠재요인임을 가정한다. 셋째, 경로분석에서는 측정오차가 없다. 경로분석에서는 측정오차가 없음을 가정하기 때문에 측정오차 사이의 상관성도 없다. 측정오차는 연구자가 추상적인 설문지를 만드는 경우에 발생한다. 추상적인 내용이 담긴 설문지에 응답자들이 부정확한 답변을 할 가능성이 높다. 연구자는 제대로 된 설문지를 제작해야 한다. 즉, 변수의 측정이 완벽함을 나타낸다. 넷째, 변수와 변수 연결 경로는 전진 방향이고 후행하는 경로 연결은 없다. 변수 간의 연결은 앞 방향으로 진행하며 화살표로 연결하고 후행하는 경우는 없다. 이것은 한번 진행한 화살표는 역방향으로 진행할 수 없음을 의미한다.

제3절 경로분석을 위한 R 프로그램

예제 다음 예제는 앞에서 다룬 대학생들의 학업성취도를 알아보기 위한 내용이다. Finn, J. D.(1974)의 다중회귀분석 예제로, 대학 1학년생 15명을 대상으로 조사한 자료이다. 독립변수 x1(고등학교의 성적), x2(고등학교 IQ), x3(고등학교 때의 동기부여 정도)이고 종속변수는 y1(대학 필수과목 평균학점), y2(대학 선택과목 평균학점) 등이다.

3.1 엑셀에서의 입력

해당 자료를 엑셀시트에 입력한다. 자료를 입력하고 난 다음 데이터를 저장할 때는 파일 형식(T)을 CSV(Comma Separated Value, 쉼표로 분리)로 저장하도록 한다.

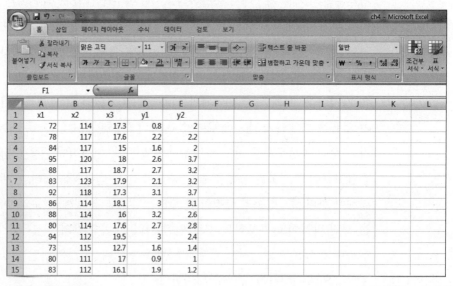

	A	B	C	D	E
1	x1	x2	x3	y1	y2
2	72	114	17.3	0.8	2
3	78	117	17.6	2.2	2.2
4	84	117	15	1.6	2
5	95	120	18	2.6	3.7
6	88	117	18.7	2.7	3.2
7	83	123	17.9	2.1	3.2
8	92	118	17.3	3.1	3.7
9	86	114	18.1	3	3.1
10	88	114	16	3.2	2.6
11	80	114	17.6	2.7	2.8
12	94	112	19.5	3	2.4
13	73	115	12.7	1.6	1.4
14	80	111	17	0.9	1
15	83	112	16.1	1.9	1.2

[그림 4-2] 데이터 입력 화면   [데이터] ch4.csv

3.2 R 프로그램 실행

R 프로그램을 실행하기 위해서 먼저 ⓡ 을 실행한다. 이어 명령어를 다음과 같이 입력한다.

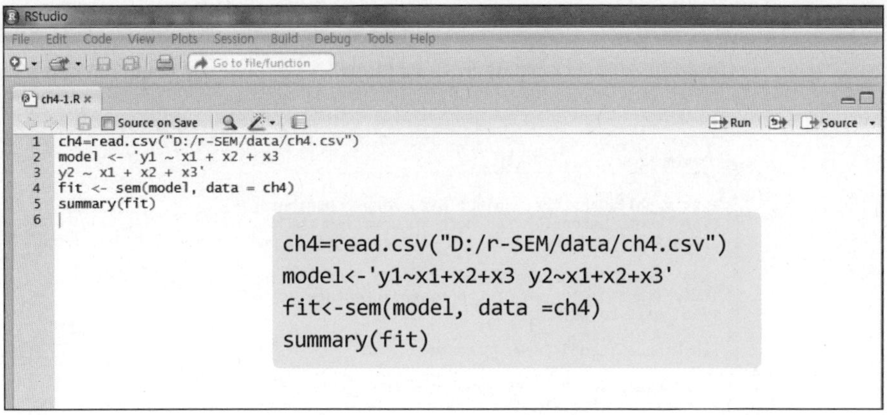

[그림 4-3]   경로분석 명령어 입력   [데이터] ch4-1.R

위의 명령어를 설명해보자. 첫 행 ch4=read.csv("D:/r-SEM/data/ch4.csv")는
CSV(Comma Separated Value, 쉼표로 분리) 형식으로 저장된 파일을 불러오라는 명령
어이다. model <- 'y1 ~ x1 + x2 + x3 y2 ~ x1 + x2 + x3'는 연구자가 구상한 연구
모형을 수식으로 표현 것이다. 여기서 작은따옴표(' ') 안에 수식을 입력해야 한다.
fit <- sem(model, data =ch4) summary(fit)은 모형의 적합도를 확인하기 위한 명
령어이다.

명령어를 입력한 다음 여기서는 ch4-1.R 형식으로 저장하기로 한다. 이제 프로그
램을 실행해보자. 프로그램 실행을 위해 분석 범위를 지정한다.

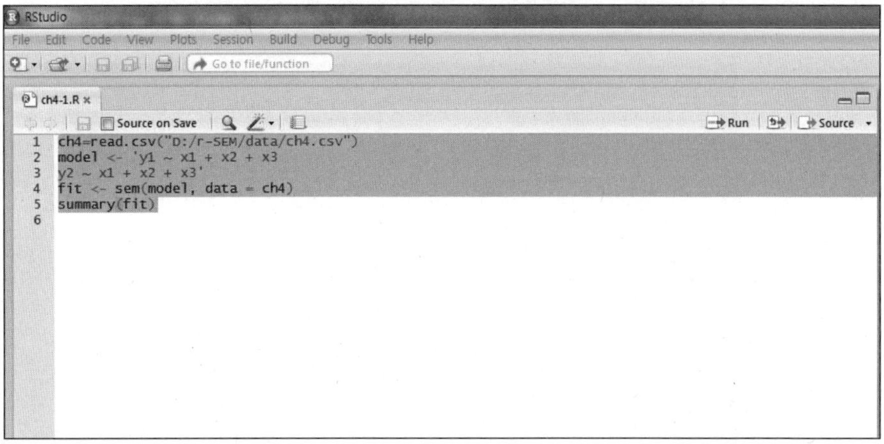

[그림 4-4]   분석범위 지정   [데이터] ch4-1.R

이어 ⟶Run 버튼을 눌러보자. 그러나 프로그램은 실행되지 않고 다음과 같이 Console 창에 빨간색의 오류 메시지가 나온다(Error: could not find function "sem").

```
Console ~/ 
R is a collaborative project with many contributors.
Type 'contributors()' for more information and
'citation()' on how to cite R or R packages in publications.

Type 'demo()' for some demos, 'help()' for on-line help, or
'help.start()' for an HTML browser interface to help.
Type 'q()' to quit R.

[Workspace loaded from ~/.RData]

> ch4=read.csv("D:/r-SEM/data/ch4.csv")
> model <- 'y1 ~ x1 + x2 + x3
+ y2 ~ x1 + x2 + x3'
> fit <- sem(model. data = ch4)
Error: could not find function "sem"
> summary(fit)
Length Class   Mode
     1 lavaan     S4
> |
```

[그림 4-5]   에러 메시지

이 문제를 해결하기 위해서 구조방정식모델 분석용 패키지인 Lavaan(Latent Variable Analysis)을 설치하면 된다. 이 프로그램은 Yves Rosseel 교수가 개발하였다. 홈페이지는 다음과 같다.

Lavaan 홈페이지: http://lavaan.ugent.be/

우선 그림처럼 Rstudio 창에서 Tools → Install Packages...를 누른다.

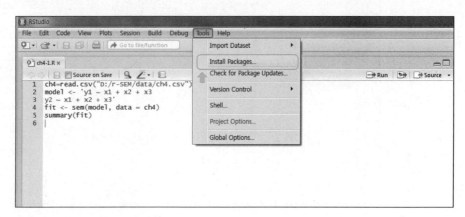

[그림 4-6]   Install Packages 지정하기

그러면 다음과 같은 화면을 얻을 수 있다.

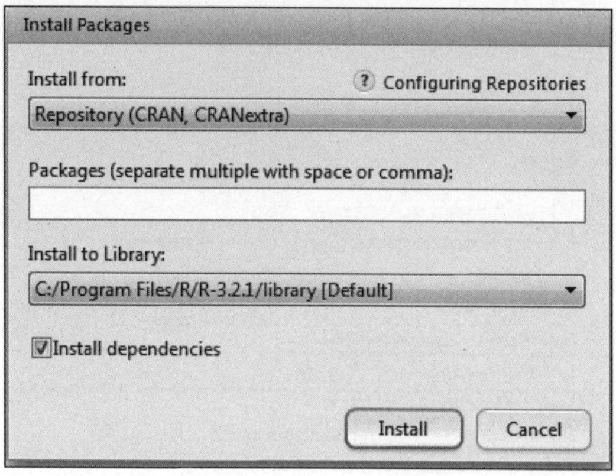

[그림 4-7]　Install Packages 화면 (1)

이어, Packages(separate multiple with space or comma):란에 lavaan을 입력한다. 그러면 다음과 같은 화면을 얻을 수 있다.

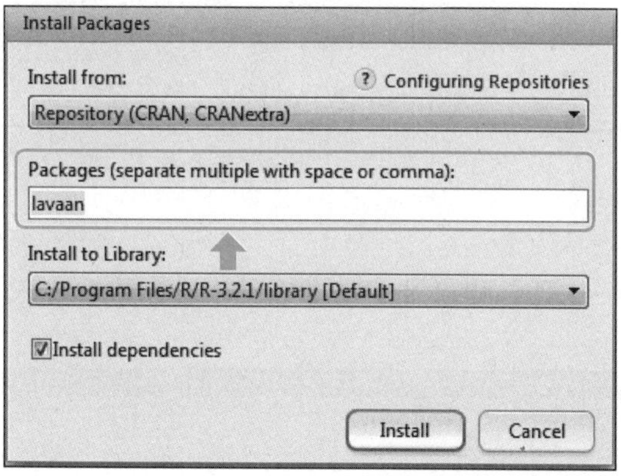

[그림 4-8]　lavaan 입력창

Install 버튼을 누르고 잠시 기다리면 lavaan 패키지가 설치된다. 여기서 잠깐, 필요 package를 매번 이 순서에 의해서 설치하는 것은 번거롭다. 따라서 명령어 입력문 창에서 다음과 같이 입력하여 엔터를 누르면 프로그램이 설치된다.

```
install.packages("lavaan")
```

lavaan 패키지가 제대로 설치되어 있는지를 확인하기 위해서 RStudio 오른쪽 하단의 **Packages** 탭을 선택하면 lavaan 프로그램을 찾을 수 있다. 경로분석을 실행하기 위해서는 이 프로그램(lavaan)을 지정해야 한다.

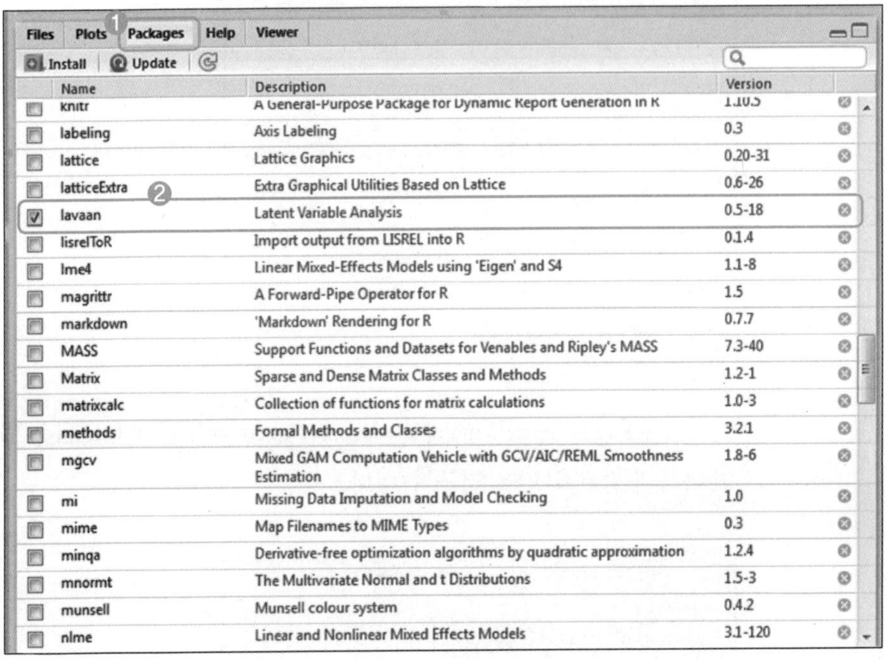

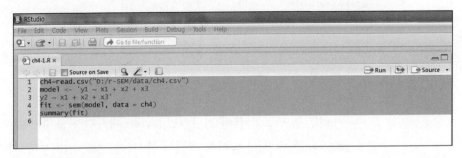

[그림 4-9]　lavaan 지정 창

앞에서 입력한 경로분석 관련 명령어에 대해 범위를 다음과 같이 지정한다.

```
1  ch4=read.csv("D:/r-SEM/data/ch4.csv")
2  model <- 'y1 ~ x1 + x2 + x3
3  y2 ~ x1 + x2 + x3'
4  fit <- sem(model, data = ch4)
5  summary(fit)
6
```

[그림 4-10]　분석 명령어 범위 지정

이어 **Run** 버튼을 눌러보자. 그러면 프로그램이 실행되어 다음과 같은 결과물을 얻을 수 있다.

```
lavaan(0.5-18)convergednormallyafter  36 iterations

  Number of observations                              14


  Estimator                                           ML
  Minimum Function Test Statistic                  0.000
  Degrees of freedom                                   0
  Minimum Function Value              0.0000000000000


Parameter  estimates:


Information                                 Expected
 Standard Errors                            Standard
```

	Estimate	Std.err	Z-value	P(>|z|)
Regressions:				
y1 ~				
x1	0.080	0.024	3.336	0.001
x2	0.005	0.044	0.119	0.905
x3	0.019	0.098	0.189	0.850
y2 ~				
x1	0.045	0.020	2.282	0.022
x2	0.146	0.036	4.034	0.000
x3	0.154	0.081	1.908	0.056
Covariances:				
y1 ~~				
y2	0.148	0.070	2.111	0.035
Variances:				
y1	0.265	0.100		
y2	0.178	0.067		

[그림 4-11] 실행 결과물

결과 해석 | 주요 결과물을 중심으로 설명하기로 한다. Number of observations 14는 표본수가 14명임을 나타낸다. R 프로그램의 측정(Estimator)은 ML(Maximum Likelihood, 최대 우도법)방식에 이루어졌다는 뜻이다. 최대우도법은 모수에 대한 확률밀도함수 $f(x, \theta)$에 관련된 우도함수(likely function)로 나타낼 수 있다.

$$L(\theta) = \prod_{i=1}^{n} f(x_i, \theta) \qquad \cdots\cdots (식\ 4\text{-}1)$$

최대우도법은 확률표본 x가 우도함수를 최대로 하는 모수(θ)를 추정하는 방법이다. 최대우도법에 의해서 산출되는 추정량은 일치성과 충분성을 갖는다.

$y1$(필수학점) ~ $x1$(고등학교성적) 간의 회귀분석(Regressions)을 보면, 비표준화계수(Estimate)는 0.080, 표준오차(Std.err)는 0.024, Z값(Z-value)은 3.336, $P(>|z|)$은 0.001로 $\alpha = 0.05$보다 작아 유의함을 알 수 있다. 대학생의 필수학점($y1$)에 영향을 주는 것은 고등학교의 성적($x1$)임을 알 수 있다.

$y2$(선택학점) ~ $x1$(고등학교성적) 간의 회귀분석(Regressions)을 보면, 비표준화계수 = 0.045, 표준오차(Std.err)는 0.020, Z값(Z-value)은 2.282, $P(>|z|)$은 0.022로 $\alpha = 0.05$보다 작아 유의함을 알 수 있다. 대학생의 선택학점($y2$)에 영향을 주는 것은 고등학교의 성적($x1$)임을 알 수 있다.

$y2$(선택학점) ~ $x2$(고등학교 IQ) 간의 회귀분석(Regressions)을 보면, 비표준화계수(Estimate)는 0.146, 표준오차(Std.err)는 0.036, Z값(Z-value)은 4.034, $P(>|z|)$은 0.000로 $\alpha = 0.05$보다 작아 유의함을 알 수 있다.

다른 변수 간의 유의성 여부는 동일한 방법으로 해석하면 된다. 결론적으로 대학생의 필수학점($y1$)에 영향을 주는 것은 고등학교의 성적($x1$)이 유의한 영향을 미침을 알 수 있다. $y2$(선택학점)에 영향을 미치는 것은 $x2$(고등학교 IQ)임을 알 수 있다. 여기서 결론과 시사점을 찾아내는 것이 중요하다. 이 결과를 토대로 연구자는 고등학생들의 성적을 향상시키는 방법, 고등학생들의 IQ를 향상시키는 방법 등 차별적인 전략을 제시할 수 있어야 한다.

3.3 경로도형 그리기

명령문에 입력한 입력물에 대한 결과물을 시각화하여 나타낼 수 있다면 연구자
의 역량을 한층 강화하는 것이라고 할 수 있다. 구조방정식모델 분석용 프로그램
lavaan과 연계하여 경로도형(diagram)을 그리려면 SemPlot 프로그램을 설치하면 된다.

Semplot 프로그램을 설치하기 위해서는 Rstudio 창에서 Tools → Install Packages...를
누른다.

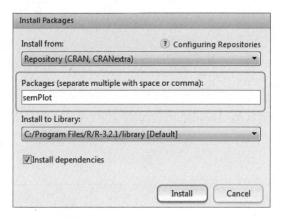

[그림 4-12]　semPlot 입력

Install 버튼을 누르면 semPlot 프로그램이 설치된다. 이어 왼쪽 하단의 **Packages**
란에서 semPlot을 지정한다.

	Name	Description	Version	
	scales	Scale Functions for Visualization	0.2.5	⊗
	sem	Structural Equation Models	3.1-6	⊗
☑	semPlot	Path diagrams and visual analysis of various SEM packages' output	1.0.1	⊗
	sna	Tools for Social Network Analysis	2.3-2	⊗
	SparseM	Sparse Linear Algebra	1.6	⊗
	spatial	Functions for Kriging and Point Pattern Analysis	7.3-9	⊗
	splines	Regression Spline Functions and Classes	3.2.1	⊗
	stats	The R Stats Package	3.2.1	⊗
	stats4	Statistical Functions using S4 Classes	3.2.1	⊗
	stringi	Character String Processing Facilities	0.5-5	⊗

[그림 4-13] semPlot 지정 화면

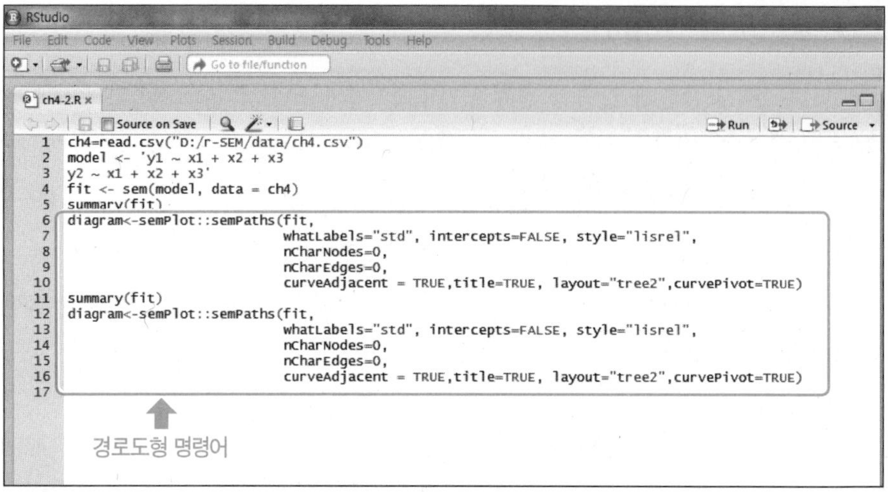

[그림 4-14] 명령어 입력창 　　　　　　　　　　　　　　　　　　　　　[데이터] ch4-2.R

　　이 명령어를 보다 선명하게 나타내면 다음 표와 같다.

[표 4-1] 　 경로분석과 경로도형 그리기 명령문

```
ch4=read.csv("D:/r-SEM/data/ch4.csv")
model <- 'y1 ~ x1 + x2 + x3
y2 ~ x1 + x2 + x3'
fit <- sem(model, data = ch4)
summary(fit)
diagram<-semPlot::semPaths(fit,
        whatLabels="std", intercepts=FALSE, style="lisrel",
        nCharNodes=0,
        nCharEdges=0,
        curveAdjacent = TRUE,title=TRUE, layout="tree2",curvePivot=TRUE)
summary(fit)
diagram<-semPlot::semPaths(fit,
        whatLabels="std", intercepts=FALSE, style="lisrel",
        nCharNodes=0,
        nCharEdges=0,
        curveAdjacent = TRUE,title=TRUE, layout="tree2",curvePivot=TRUE)
```

　　이어 다음과 같이 범위를 지정한 다음 ⏩Run 버튼을 누른다.

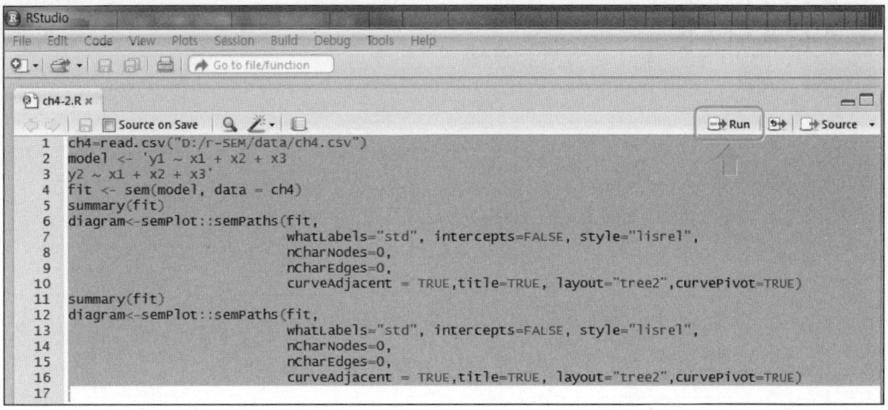

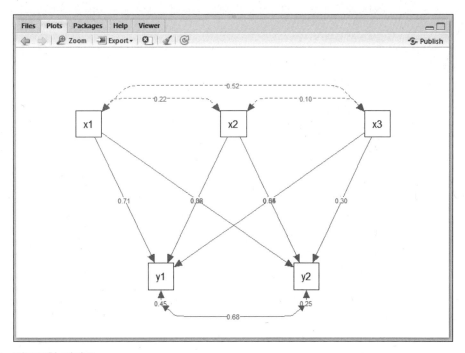

[그림 4-15] 명령어 실행창

이어, 오른쪽 하단 **Packages** 에서 lavann(Latent Variable Analysis) 프로그램과 semplot package를 지정한다. 이어 **Run** 버튼을 클릭하여 실행한다. 그러면 다음과 같이 오른쪽 하단의 Plot 창에서 결과를 얻을 수 있다.

[그림 4-16] 경로도형 결과물

여기서는 각 경로 간 경로계수는 표준화된 계수임을 알 수 있다. 경로도형 및 구조방정식모델 관련 다양한 그림 표현 방법은 차후에 세부적으로 다룰 것이다.

연습문제

1. 아래 내용을 참고하여 연구모델을 구상해보자.

기업이 분쟁에 휘말리면 이미지가 실추되고 매출과 순익이 감소하며 주가가 하락한다. 주가 추락으로 가장 피해를 보는 사람들은 주주와 임직원이다.

2. 어느 기업체의 입사 지원자에 채용 관련 자료를 이용하여 경로분석을 실시해 보자.

x1=개념적 재능, x2=기술적 재능, x3=대인관계 재능, x4=몰입정도, y1=호감도, y2=채용의사

[연구모델]

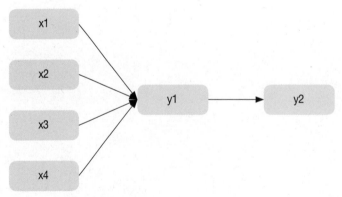

[데이터]

x1	x2	x3	x4	y1	y2
10	8	9	10	8	8
8	9	7	5	6	6
10	9	9	9	9	9
7	8	8	7	8	8
4	5	4	5	6	3
8	8	8	8	7	8
10	10	10	10	10	10
9	8	9	8	9	9
8	8	7	8	8	8
10	9	10	9	9	8

[데이터] ex42.csv

1) 경로분석을 실시해보자.

2) 경로분석 후 각 경로 유의성을 언급해보고 전략이나 시사점을 제시해보자.

2부
중급편

5장 구조방정식모델

계수's 생각

변하지 않으면 살아남지 못한다.

변하지 않으면 살아남지 못한다.

- 인과모델 개념을 이해한다.
- 구조방정식모델 기본 개념을 이해한다.
- 구조방정식모델이 중요한 이유를 알아본다.
- 구조방정식모델의 인정 및 평가 방법을 터득한다.

제1절 인과모델의 중요성

삶에서 호기심을 갖고 있는가 그렇지 않은가에 따라 청춘인가 아닌가를 분별하는 것이 맞는 것 같다. 호기심과 도전을 잃으면 연구에 대한 흥미도 잃게 된다. 왜냐하면 연구(research)는 궁금한 것과 관심주제에 대한 새로운 탐색(newsearch) 과정이기 때문이다.

타인이 해놓은 것을 그대로 답습하는 연구는 흥미도 없고 미래가 없다. 즉, 열정이 생기지 않는다. 연구에 열정을 갖게 하는 것은 자기 스스로 정하는 주제에서 비롯된다. 타인이 정해주는 주제는 흥이 덜 난다. 연구에서 흥이 나는 주제를 찾는 것이 무엇보다 중요하다. 연구를 통해서 개인은 개인의 목표를 달성할 수 있고 사회에 도움을 줄 수 있다.

연구는 어둠상자에 구멍을 뚫고 안으로 빛을 비추고 어둠상자 속의 운영원리를 발견하려는 실험이다. 따라서 연구과정은 지리할 수 있고 끝이 보이지 않을 수도 있다. 이런 상황에 부딪히면 연구자는 연구를 마무리하려는 뚝심을 발휘해야 한다. 연구과정에서 밝혀지는 개념들 간의 관련성은 100% 확실성을 보장하지는 않는다.

분석과정에서 차이분석은 이제 큰 차별성을 주지 못한다. 반면에 인과성 연구는 원인과 결과를 분석함으로써 문제의 원인이나 해결 대안을 제시해주는 우수한 방법이라고 할 수 있다. 원인과 결과를 지속적으로 탐색하다 보면 후속 결과를 예측할 수도 있다. 스티븐 코비는 ≪성공하는 사람들의 7가지 습관≫에서 성공하는 사람들의 특징 중의 하나로 "끝을 생각하면서 시작한다(begin with the end in mind)."
라고 이야기하였다. 또한 '성공(success)'이라는 시로 유명한 에머슨(Emerson)은
"얕은 사람은 운을, 강한 사람은 원인과 결과를 믿는다."라고 하였다. 원인과 결
과를 연결할 수 있는 능력을 갖추고 있다는 것은 부분과 전체를 조망할 수 있
는 역량을 갖추고 있는 것이다. 이러한 능력을 갖추고 있다면 시스템적인 사고
(systematic thinking) 능력이 있는 것이다.

앞으로는 인과모델과 인과분석이 연구방법 및 분석에서 대세가 될 것이다. 인과
분석방법을 제대로 아는 것은 연구방법론과 관련하여 큰 무기를 하나 손에 쥐고
있는 것이나 마찬가지다.

구조방정식모델

2.1 인과모델과 구조방정식모델

모델(model)은 외부 환경에서 벌어진 내용을 축소한 것이라고 할 수 있다. 모델은
연구자의 배태된 지능, 연구자의 농축된 생각, 행동 가능한 기준 틀, 연구의 프레
임이라는 용어로 불릴 수도 있다. 모델은 건축가가 집을 짓기 위해서 사전에 만드
는 설계도면이라고 할 수 있다. 연구모델은 연구 상황을 바라보는 연구자의 마음
의 창이라고 할 수 있다. 연구자는 연구모델을 통해서 연구가 추구하는 비전과 연
구의 전체 흐름을 한눈에 파악할 수 있다. 연구자는 연구모델이나 인과모델을 구
축하면서 관련 모델 내용을 모두 첨가시키려고 애쓰지 말아야 한다. 즉, 컨설팅이
나 연구 분야에서 자주 회자되고 있는 '바닷물을 모두 끓이려고 애쓰지 말라(Don'
t Boil the Ocean)'는 표현이 무슨 의미인지 고민해볼 필요가 있다.

정리하면, 모델은 이론과 경험적 사실을 조작화해 놓은 것이라고 할 수 있다. 따
라서 같은 상황, 같은 환경 속에서도 연구모형을 어떻게 설정하느냐에 따라 연구
결과는 천양지차가 될 수 있다. 연구자가 구조방정식모델을 분석하는 이유는 자
신의 생각을 모아놓은 연구모델과 관심 표본자료의 적합성을 판단하고 각 요인
간의 경로 유의성을 판단하여 결론 및 전략적 시사점을 논리 정연하게 설명하기

위함이라고 하겠다.

관심주제에 대하여 연구모델을 제대로 설정하는 것만으로도 연구 진행이 수월해질 수 있다. 연구자가 당면 문제해결을 위해서 생각을 구조화하려면, 혼란과 중복을 피하면서 전체를 볼 수 있는 능력을 키워야 한다. 연구자는 MECE(Mutually Exclusive Collectively Exhaustive) 사고를 생활화해야 한다. MECE 사고는 관심주제 영역의 개념들이 서로 배타적이면서 부분의 합이 전체를 설명할 수 있도록 나타내는 것을 말한다. 이를 구조방정식모델(SEM: Structural Equation Model)의 세 가지 성립 조건에 맞게 설명할 수 있다. 인과관계를 나타내는 구조방정식모델의 세 가지 성립 조건은 병발발생조건(concomitant variation), 시간적 우선순위(time order of occurrence), 외생변수 통제(elimination of other possible causal factors)이다.

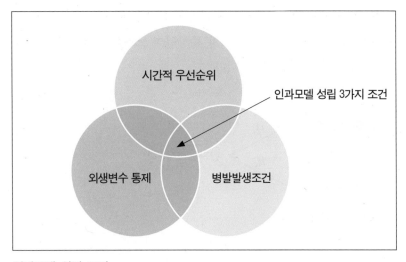

[그림 5-1]   인과모델 성립 조건

■ **병발발생조건(concomitant variation):** 원인이 되는 현상 변수와 요인들이, 결과를 나타내는 변수와 요인들과 함께 존재해야 함을 말한다. 예를 들어, 간절한 꿈 설정이 학점 변화에 영향을 미친다면 두 변수는 병발발생조건에 해당한다고 할 수 있다.

■ **시간적 우선순위(time order of occurrence):** 원인이 되는 현상을 나타내는 독립변수가 결과에 해당하는 종속변수보다 시간적으로 먼저 발생하는 경우를 말한다. 부모의 유전적 형질은 독립변수에 해당하고 아이들의 유전적 형질은 종속변수에 해당한다.

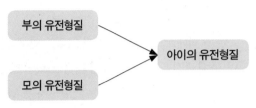

[그림 5-2] 시간적 우선순위

■ **외생변수 통제**(elimination of other possible causal factors): 종속변수에 영향을 주는 독립변수들은 제한되어 있는 것을 가정한다. 다시 말하면, 외생변수 통제는 다른 독립변수들이 종속변수에 영향을 주어서는 안 된다는 원칙이다. 복잡한 시스템 내부에서도 연구자는 이론적인 배경과 경험적인 사실에 근거하여 종속변수에 영향을 미치는 독립변수를 명징하게 찾아내야 한다. 이 작업은 어려운 작업이지만 이는 어찌보면 연구자의 능력과 관련된 문제이다. 예를 들어, "활기찬 조직문화(종속변수)는 부서장의 의지와 부서원의 노력에 의해서 결정된다."는 연구가설이 이에 해당한다고 할 수 있다.

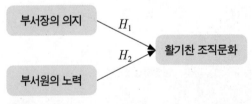

[그림 5-3] 외생변수 통제 1

연구자들은 사회현상이나 관심주제에 대하여 원인과 결과의 관계를 정확히 밝혀내야만 근본적인 문제해결과 올바른 의사 결정을 할 수 있게 된다. 인과관계의 파악은 복잡한 현상에 대한 이해, 설명과 예측을 위해 매우 중요하다. 연구자는 현상을 설명하는 개념들이 서로 배타적이면서 부분의 합이 전체를 설명할 수 있도록 하는 MECE 사고를 해야 한다. 인과관계를 나타내는 기본 요건인 병발발생조건(concomitant variation), 시간적 우선순위(time order of occurrence), 외생변수 통제(elimination of other possible causal factors) 등을 기준으로 인과모델을 수립해야 한다. 인과모델에는 명징한 이론적 배경과 현장 실무 경험이 필요하다.

인과관계를 나타내는 인과모델 수립 과정에서 모형식별이 반드시 이루어져야 한다. 모형수립 과정에서 식별은 엄격하게 이루어져야 한다. 모형식별 과정에서 연구자가 참고할 만한 논문은 Leamer(1982)의 글이다. 그는 "떼까마귀가 사는 나무 그늘 아래에서 작물이 더 잘 자란다면 그것은 나무 그늘 때문일까 새똥 때문일까?"라고 묻는다. 이에 대한 답을 독자 여러분이 생각해보고 내놓아야 할 차례이다.

2.2 구조방정식모델

미국의 유명항 시인인 랠프왈도 에머슨은 "얇은 사람은 운을, 강한 사람은 원인과 결과를 믿는다."라고 이야기하였다. 위대한 개인이나 조직은 주된 성공요인을 단순히 운이나 환경 덕분으로 돌리지 않는다. 위대한 개인과 조직은 인과관계를 굳게 믿고 신중한 선택과 규율 있는 실행을 게을리하지 않는다. 연구자는 하나의 연구로 모든 것을 해결하겠다는 과욕을 버려야 한다. 완벽한 연구만을 생각하다가는 정작 아무 결실도 맺을 수 없는 경우가 허다하다. 작은 연구부터 차근차근 진행하고 모자란 점은 후속연구에 또 진행하면 된다.

인과모델 또는 구조방정식모델은 원인과 결과의 관계를 그림이나 언어(가설)로 나타낸 것을 말한다. 연구자가 인과모델을 정교하게 수립하면 보다 쉽게 문제해결의 실마리를 찾을 수 있다. 인과관계는 그림모형, 언어모형, 수학모형 등으로 나타낼 수 있다.

그림모형은 연구자가 관심 갖고 있는 시스템을 시각적으로 형상화한 것을 말한다. 인과모델을 이미지로 시각화하기 위해서는 앞에서 언급한 병발발생조건(concomitant variation), 시간적 우선순위(time order of occurrence), 외생변수 통제(elimination of other possible causal factors) 등의 인과관계 성립 요건이 충족되어야 한다. 구조방정식모델은 측정모델(measurement model)과 이론모델(structural equation model)로 구성된다.

측정모델은 잠재요인(latent factor)과 변수의 관련성을 나타낸 것이다. 여기서 잠재요인이란 측정변수들의 압축 정보를 정교하게 요약해놓은 개념(construct)을 말한다. 연구자는 측정모델을 아무렇게나 구축하는 것이 아닌 명중한 근거를 토대로 만들어야 한다. 측정모델의 구축은 도형이나 화살표로 만든다.

[표 5-1] 인과도형과 설명

도형	설명
○	동그라미는 잠재요인을 표시하는 모형으로 ξ(ksi)와 η(eta)로 표시한다. 변수들의 대표적인 상징적 개념이 잠재요인이다.
□	네모는 잠재요인을 측정한 변수로 실제 값에 해당한다
→	화살표는 영향 관계를 표시하는 데 사용한다. 잠재요인 간의 연결과 측정변수와 오차항의 연결에도 화살표가 이용된다.
↔	측정오차 간의 상호 관련성을 연결하거나 잠재요인들 간의 관련성을 나타내는 데 사용한다.

만약 개인의 성공태도(ξ_1)와 광적인 규율(ξ_2)은 성공 행동의도(η_1)에 영향을 미치고, 다시 성공 행동의도(η_1)는 실행력(η_2)에 영향을 미친다는 일반적이고 명징한 내용이 있다고 하자. 연구자는 이론적 배경하에서 연구모형을 표현할 수 있다.

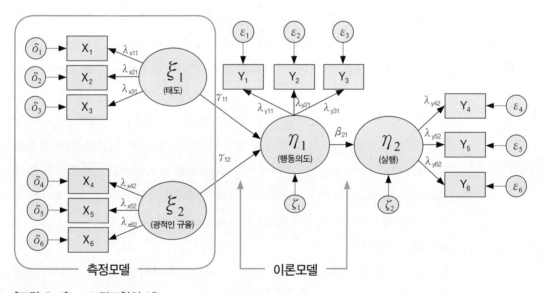

[그림 5-4] 그림모형의 예

그림으로 연구모형을 나타내기 위해서는 연구자는 평소 관심주제에 대하여 수많은 논문과 책 읽기를 한 상태에서 이론적으로 지식 축적에 힘을 쏟아야 한다. 연구자는 자신의 연구모델을 주변 동료나 전문가들에게 자주 보여줄 수 있도록 해야 한다. 이를 위해서 휴대용 파일과 A4 용지를 항상 준비하고 다녀야 한다.

언어모형은 연구가설(research hypothesis)을 말한다. 가설은 잠정적인 진술이다. 연구가설 설정은 충분한 이론적 배경과 경험적인 사실을 바탕으로 수립해야 한다. 연구자가 관심을 갖고 있는 연구주제에 등장하는 잠재개념(latent construct)들을 직선의 화살표로 나타낸 것이 연구가설에 해당한다. 연구가설의 개수는 이론모델의 숫자, 즉 요인에서 요인으로 연결한 화살표의 숫자가 된다. 앞에서 제시한 그림에서는 세 개의 연구가설을 설정할 수 있다.

H_1: 성공 관련 개인 성공태도(ξ_1)는 성공 행동의도(η_1)에 유의한 영향을 미칠 것이다.

H_2: 광적인 규율(ξ_2)은 성공 행동의도(η_1)에 유의한 영향을 미칠 것이다.

H_3: 성공 행동의도(η_1)는 실행(η_2)에 영향을 미칠 것이다.

수학모형은 연구자가 제시한 그림모형이나 언어모형을 수학적인 식으로 표현한 것이다. 이 수학적인 식은 리스렐 프로그램에도 그대로 사전에 입력되기 때문에 연구자는 수학모형의 표시 방법을 알아놓은 것이 유리하다. 특히 박사논문을 준비하는 연구자나 저명 학술지에 투고하고자 하는 연구자들은 수학모형도 표기하여 자신의 수학 지식도 어느 정도 보여줄 수 있어야 한다.

측정모델(measurement model)에서 각 요인들과 측정변수들 간의 관련성을 식으로 표현할 수 있다. 앞의 예에 나와 있는 독립요인(ξ_1: 개인의 성공태도, ξ_2: 광적인 규율)은 X_1, X_2, X_3, X_4, X_5, X_6 변수가 사용되고 있다. 종속요인(η_1: 성공 행동의도, η_2: 실행력)은 Y_1, Y_2, Y_3, Y_4, Y_5, Y_6 변수가 사용되고 있다

독립요인에 대한 측정모델을 수학모형으로 표현해보자. 독립요인의 측정모델의 일반적인 수학모형을 나타내면 다음과 같다.

$$X = \Lambda_X \cdot \xi + \delta \qquad\qquad \cdots\cdots(\text{식 } 5-1)$$

여기서, $X = X_i$변수의 행렬, $\Lambda_X = \Lambda_{X_{ij}}$의 계수행렬, ξ =독립잠재요인(ξ)의 행렬, δ =독립변수들의 오차항을 나타낸다. 모든 하부첨자를 입력하는 방법은 변수를 화살표에 있는 개념, 즉 화살표가 도착하는 곳의 개념의 하부체를 먼저 달고, 다

음으로 화살표가 출발하는 개념의 하부체를 나중에 표기한다.

이와 연관지어 측정변수별로 수학모형을 나타내면 다음과 같다.

$$X_1 = \lambda_{x11} \cdot \xi_1 + \delta_1$$
$$X_2 = \lambda_{x21} \cdot \xi_1 + \delta_2$$
$$X_3 = \lambda_{x31} \cdot \xi_1 + \delta_3$$
$$X_4 = \lambda_{x42} \cdot \xi_2 + \delta_4 \qquad\qquad \cdots\cdots(식\ 5\text{-}2)$$
$$X_5 = \lambda_{x52} \cdot \xi_2 + \delta_5$$
$$X_6 = \lambda_{x62} \cdot \xi_2 + \delta_6$$

독립변수와 요인 간의 관련성을 나타낸 측정모델에서 측정오차항($\delta_1, \delta_2, \delta_3,$ $\delta_4, \delta_5, \delta_6$) 간의 분산/공분산행렬을 나타낼 수 있다. 이 분산/공분산행렬은 θ_δ(theta-delta)로 나타낼 수 있다. 구조방정식모델의 기본 가정에는 측정오차들 간에는 서로 관련되지 않는 것, 즉 측정오차들은 서로 독립적이라는 내용이 포함된다. 따라서 θ_δ 행렬은 다음과 같은 대각행렬(diagonal matrix)로 나타낼 수 있다.

$$\theta_\delta = \begin{vmatrix} \theta_{\delta 1} & 0 & 0 & 0 & 0 & 0 \\ 0 & \theta_{\delta 2} & 0 & 0 & 0 & 0 \\ 0 & 0 & \theta_{\delta 3} & 0 & 0 & 0 \\ 0 & 0 & 0 & \theta_{\delta 4} & 0 & 0 \\ 0 & 0 & 0 & 0 & \theta_{\delta 5} & 0 \\ 0 & 0 & 0 & 0 & 0 & \theta_{\delta 6} \end{vmatrix} \qquad\qquad \cdots\cdots(식\ 5\text{-}3)$$

이어 종속요인에 대한 측정모델을 수학모형으로 표현해보자. 종속요인의 측정모델의 일반적인 수학모형을 나타내면 다음과 같다.

$$Y = \Lambda_Y \cdot \eta + \varepsilon \qquad\qquad \cdots\cdots(식\ 5\text{-}4)$$

여기서, $Y = Y_i$ 변수의 행렬, $\Lambda_Y = \Lambda_{Y_{ij}}$의 계수행렬, $\eta =$ 독립잠재요인(η)의 행렬, $\varepsilon =$ 종속변수들의 오차항을 나타낸다.

이와 연관지어 측정변수별로 수학모형을 나타내면 다음과 같다.

$$Y_1 = \lambda_{y11} \cdot \eta_1 + \varepsilon_1$$
$$Y_2 = \lambda_{y21} \cdot \eta_1 + \varepsilon_2$$
$$Y_3 = \lambda_{y31} \cdot \eta_1 + \varepsilon_3$$
$$Y_4 = \lambda_{y42} \cdot \eta_2 + \varepsilon_4 \qquad \cdots\cdots(\text{식 } 5\text{-}5)$$
$$Y_5 = \lambda_{y52} \cdot \eta_2 + \varepsilon_5$$
$$Y_6 = \lambda_{y62} \cdot \eta_2 + \varepsilon_6$$

독립변수와 요인 간의 관련성을 나타낸 측정모델에서 측정오차항(ε_1, ε_2, ε_3, ε_4, ε_5, ε_6) 간의 분산/공분산행렬을 나타낼 수 있다. 이 분산/공분산행렬은 θ_ε (theta-epsilon)으로 나타낼 수 있다. 구조방정식모델의 기본 가정에는 측정오차들 간에는 서로 관련되지 않는 것, 즉 측정오차들은 서로 독립적이라는 내용이 포함된다. 따라서 θ_ε 행렬은 다음과 같은 대각행렬(diagonal matrix)로 나타낼 수 있다.

$$\theta_\varepsilon = \begin{vmatrix} \theta_{\varepsilon 1} & 0 & 0 & 0 & 0 & 0 \\ 0 & \theta_{\varepsilon 2} & 0 & 0 & 0 & 0 \\ 0 & 0 & \theta_{\varepsilon 3} & 0 & 0 & 0 \\ 0 & 0 & 0 & \theta_{\varepsilon 4} & 0 & 0 \\ 0 & 0 & 0 & 0 & \theta_{\varepsilon 5} & 0 \\ 0 & 0 & 0 & 0 & 0 & \theta_{\varepsilon 6} \end{vmatrix} \qquad \cdots\cdots(\text{식 } 5\text{-}6)$$

다음으로 잠재요인과 잠재요인을 연결하는 이론모델(structural equation model)을 나타내는 방법을 알아보자. 이론모델은 회귀분석이나 경로분석에서의 추정회귀식과 동일한 개념이라고 할 수 있다. 이론모델은 잠재요인인 ξ_1, ξ_2, η_1, η_2 간의 관계를 나타내는 모델이다.

$$\eta_1 = \gamma_{11} \cdot \xi_1 + \gamma_{12} \cdot \xi_2 + \zeta_1 \qquad \cdots\cdots(\text{식 } 5\text{-}7)$$
$$\eta_2 = \beta_{21} \cdot \eta_1 + \zeta_2$$

앞의 식은 행렬식으로 나타낼 수 있다.

$$\begin{bmatrix} \eta_1 \\ \eta_2 \end{bmatrix} = \begin{vmatrix} 0 & 0 \\ \beta_{21} & 0 \end{vmatrix} \begin{vmatrix} \eta_1 \\ \eta_2 \end{vmatrix} + \begin{vmatrix} \gamma_{11} & \gamma_{12} \\ 0 & 0 \end{vmatrix} \begin{vmatrix} \xi_1 \\ \xi_2 \end{vmatrix} + \begin{vmatrix} \zeta_1 \\ \zeta_2 \end{vmatrix} \qquad \cdots\cdots(\text{식 } 5\text{-}8)$$

구조방정식모델은 다음과 같은 가정으로 분석이 이루어진다. 구조방정식모델 관련 명령어에서 자주 사용하는 그리스-로마문자를 기준으로 나타내기로 한다.

- 잔차요인(ζ)과 잠재요인(ξ, η) 간에는 상관관계가 없다.
- 원인잠재요인(ξ)과 측정오차(δ) 사이에는 상관관계가 없다.
- 결과잠재요인(η)과 측정오차(ε) 사이에는 상관관계가 없다.
- 잔차요인(ζ)과 측정오차(δ, ε) 사이에는 상관관계가 없다.
- 결과잠재요인(η) 간의 대각선 원소는 0이다.

구조방정식모델에서 사용되는 그리스문자와 관련된 내용을 표로 나타내면 다음과 같다.

[표 5-2]   구조방정식 그리스문자와 설명

표기		발음	내용
χ^2	X^2	chi-squared	우도비율
β	B	beta	내생요인 → 내생요인 경로 표시
γ	Γ	gamma	독립요인과 측정변수 표시
δ	Δ	delta	독립요인의 측정변수 오차항
ε	E	epsilon	내생요인의 측정변수 오차항
ζ	Z	zeta	구조오차항
η	H	eta	내생요인
θ	Θ	theta	오차항 간의 관련성
λ	Λ	lambda	독립요인과 측정변수 간의 경로계수
ξ	Ξ	xi, ksi	독립요인
φ	Φ	phi	독립요인 간의 상관계수
ψ	Ψ	psi	내생 잠재요인의 오차항 간의 상관관계

제3절 모델의 적합성 평가

연구자는 자신이 수립한 연구모델이 관심 실험집단에서 얻은 실제 자료와 일치하는지 여부를 판단하여야 한다. 연구모델과 실제 자료와의 일관성 여부 판단이 모델 적합성 평가이다. 모델의 적합성 평가에 이어 연구자는 각 잠재요인 간의 유의성 평가를 하면 된다.

[그림 5-5] 모델 평가 2단계

이 순서는 회귀분석의 결과 해석 절차와 유사하다. 회귀분석에서는 전체 추정회귀식의 유의성을 F분포표(분산분석표)를 이용하여 판단한다. 이어 개별 경로의 유의성은 t값(비표준화계수/표준오차)으로 한다. t값이 ±1.96보다 크면 해당 경로는 유의하다고 해석한다. 구조방정식모델에서는 연구모델의 적합성 평가를 위한 지수가 회귀분석에 비해서는 다양하다. 각 개별 경로의 유의성 평가는 t값(비표준화계수/표준오차)으로 한다는 측면에서 공통점을 갖는다.

[표 5-3] 연구모형 적합성 및 경로 유의성 평가

회귀분석	구분		구조방정식모델
F분포 P ⟨ α=0.05, R^2=0.4 이상	모델의 적합성	절대적합지수	χ^2, GFI(0.9 이상), AGFI(0.9 이상), RMR(0.05 이하), χ^2/df(3 이하)
		증분적합지수	NFI(0.9 이상), NNFI(0.9 이상)
		간명적합지수	AIC(낮을수록 모델의 설명력이 우수하며 간명성이 높음)
t값 ⟩ ±1.96	경로의 유의성		Z값 ⟩ ±1.96, t값 ⟩ ±1.96

모형의 적합성을 평가하는 지표에 대해 통계학자마다 의견이 분분한 것이 사실이다. 그럼에도 불구하고 구조방정식모델에서 모형의 적합성을 인정받아야 논문화

할 수 있는 길이 열리는 것이다. 모형으로서 가치를 인정받으려면 기본 필요조건
을 만족해야 한다. 구조방정식모델 분석결과를 논문화하는 데 자주 사용하는 지
수를 위주로 설명하기로 한다.

1) 절대적합지수

절대적합지수(asoult fit measure)는 표본공분산행렬과 연구모형에서 도출된 공분산
행렬 간의 적합 정도를 나타내는 지표이다.

■ χ^2 통계량

연구모형의 적합지수를 절대지수로 나타내는 데 사용되는 지수이다. 여기에 해당
하는 것은 χ^2 통계량, *GFI*, *AGFI*, *RMR*, $\chi^2/d.f$(3 이하) 등이 있다.

χ^2 통계량은 모형의 적합성 판단에 사용한다. 다음 식에 의해서 계산된다.

$$\chi^2 = (N-1)\cdot(S-\sum(\theta)) \qquad\qquad \cdots\cdots(\text{식 5-9})$$

여기서, N=표본의 수, S=표본의 상관행렬, $\sum(\theta)$=모수상관행렬이다.

χ^2의 귀무가설과 연구가설은 다음과 같이 설정한다.

H_0: 연구모형은 모집단 자료에 적합하다.
H_1: 연구모형은 모집단 자료에 적합하지 않다.

만약 χ^2 통계량의 확률(p)이 α =0.05보다 크면 연구모형은 적합하다는 귀무가설
을 채택하게 된다. χ^2 통계량의 확률(p)이 α =0.05보다 작으면 귀무가설을 기각하
고 "연구모형은 모집단 자료에 적합하지 않다."라는 연구가설을 채택하게 된다.
χ^2 통계량은 오른쪽 꼬리분포를 보인다. α =0.05 수준에서 χ^2 통계량을 나타내
면 다음 그림과 같다.

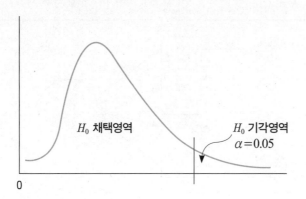

H_0 채택영역 H_0 기각영역
                         $\alpha = 0.05$

0

[그림 5-6] 카이제곱통계량 가설 채택 여부

앞의 식에서 나타난 것처럼, 표본의 수(N)에 따라 민감하게 달라진다. 즉 표본의 수가 크면 카이제곱의 값은 0보다 커지게 마련이다. 또한 χ^2 통계량은 표본의 상관행렬과 모수상관행렬의 간극이 커질수록 큰 값을 갖는다. 이런 경우의 확률(p)은 $\alpha = 0.05$보다 작을 여지가 많다. 따라서 표본수가 너무 많다고 반드시 좋은 것도 아니다. 약 200개 정도면 적당하다.

■ 자유도($d.f$)

구조방정식모델에서는 자유도($d.f$: degree of freedom)가 도출된다. 자유도는 모형의 간명성 여부를 나타낸다. 자유도는 다음과 같은 식에서 계산된다.

$$\text{자유도}(d.f) = \text{정보의 수} - \text{미지수의 수(경로계수의 수)} \quad \cdots\cdots(\text{식 } 5\text{-}10)$$

정보의 수는 상관행렬이나 공분산행렬의 개수이다. 미지수의 수란 연구자가 구조방정식모델에 나타낸 선의 숫자이다. 다음 그림을 통해서 설명하기로 한다.

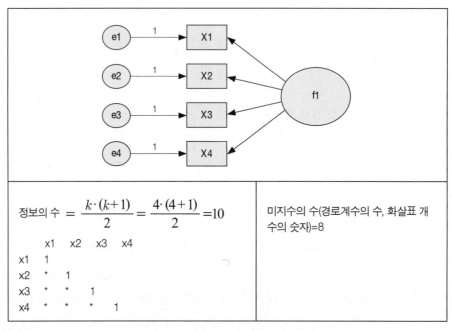

[그림 5-7] 자유도 계산

앞의 그림에서 측정변수에 대한 상관행렬의 수가 정보의 수가 된다. 여기서는 10 이다. 미지수는 화살표의 개수인 8이다. 따라서 여기서의 자유도는 2이다.

■ GFI

적합도 지수(GFI: Goodness of Fit Index)는 모형의 적합도를 평가하는 데 자주 사용하는 것이다. 적합도 지수는 표본자료의 상관행렬과 모형추정 상관행렬을 이용한 모형의 설명력을 나타내는 지수이다. 이는 회귀분석에서 모형의 설명력을 나타내는 결정계수(R^2)와 유사하다.

$$GFI = 1 - \frac{F_k}{F_0} \qquad \cdots\cdots(식\ 5\text{-}11)$$

$$GFI = 1 - (모형적합\ 이후의\ 적합함수\ 최소함수\ /\ 모형적합\ 전의\ 적합함수\ 값)$$
$$\cdots\cdots(식\ 5\text{-}12)$$

여기서, F_k=자유도 k개를 사용한 모형(S-$\sum_k$)의 최소함수치, F_0=모든 모수가 0(모든 관련이 없는)인 적합함수를 나타냄.

$\frac{F_k}{F_0}$은 회귀분석에서 $\frac{SSE}{SST}$(설명 불가능 영역/총합)과 유사하다. 연구모형은 $\frac{F_k}{F_0}$ 값이 작을수록 적합도가 높다고 할 수 있다.

적합도 지수는 χ^2과 달리 표본의 크기와는 관련이 없으나 정규분포성에는 엄격하다. 정규분포성은 표본의 크기에 민감하여 표본의 크기는 약 200개 이상이면 적합하다. 통상적으로 GFI가 0.9 이상이면 적합하다고 판단할 수 있다.

■ AGFI

$AGFI$(Adjusted Goodness of Fit Index)는 회귀분석에서 조정된 R^2과 같은 의미의 값이다.

$$AGFI = 1 - \frac{[k \cdot (k+1)]}{2 \times df}(1 - GFI) \qquad \cdots\cdots(\text{식 } 5\text{--}13)$$

여기서, k = 변수의 수, df = 자유도, GFI = 적합도 지수를 나타냄.

$AGFI$는 회귀분석의 조정된 결정계수라고 할 수 있다. $AGFI$는 0.9 이상이면 연구모형은 적합하다고 평가한다.

몬테카를로 시뮬레이션 결과, 앞에서 언급한 GFI와 마찬가지로 $AGFI$는 표본수에 따라 달라지는 것으로 나타났다. 즉, 소표본인 경우는 값들이 작아지고 대표본($n>100$)인 경우는 커진다.

■ RMR

RMR(Root Mean Square Residual)은 입력 공분산행렬의 원소와 추정 공분산행렬 원소의 평균제곱잔차 제곱근을 말한다. 이는 자료에 대한 기본 입력 공분산행렬과 재생산 공분산행렬 간의 원소 간의 차이를 나타낸 값이다. RMR이 0이라면 모든 잔차가 0이어서 완벽한 적합을 보임을 알 수 있다.

$$RMR = \sqrt{2\sum_{i=1}^{k}\sum_{j=1}^{k}\frac{(S_{ij}-R_{ij})^2}{k(k+1)}} \qquad \cdots\cdots(\text{식 } 5\text{--}14)$$

여기서, S_{ij} = 입력 공분산의 i행 j열의 값(원소)

R_{ij} = 모형으로 추정된 공분산행렬의 i행 j열의 값(원소)

k = 측정변수의 수

RMR값이 0.05 이하이면 연구모형은 적합하다고 판단할 수 있다. RMR값은 0에 가까울수록 적합모형이라고 판단할 수 있어 이 지표는 모형 간의 적합도 비교에 유용하게 사용된다.

■ χ^2/df

이 지표는 χ^2을 자유도($d.f$)로 나눈 값이다. 이 지표는 자유도의 증감에 따른 χ^2 자료의 변화를 보여주는 것이다. 비율이 '1'에 가까울수록 제시된 모형과 자료 사이에는 높은 적합도를 보여준다. 일반적으로 500 이상의 표본에서 χ^2/df이 3 이하인 경우이면 모델의 적합도는 높다고 할 수 있다.

2) 증분적합지수

증분적합지수는 기초모델(null model 또는 independent model)과 제안모델(proposed model) 간의 비교를 통해서 모델의 개선 정도를 파악하는 지수이다. 여기서 기초모델은 측정변수 사이에 공분산 또는 상관관계가 없는 모델로 독립모델이라고도 불린다. 제안모델은 이론적인 배경하에서 연구자가 구축한 모델이라고 할 수 있다.

■ NNFI

$NNFI$(Non-Normed Fit Model)는 분자인 기초모델과 제안모델 간의 차이를, 분모인 기초모델에서 1을 차감한 비율로, 비표준적합지수이다. $NNFI$를 Turker-Lewis Index라고도 부른다. $NNFI$가 0.9 이상이면 연구모델은 적합하다고 할 수 있다.

$$NNFI = \frac{\chi_0^2/df_0 - \chi_p^2/df_p}{\chi_0^2/df_0 - 1} \qquad \cdots\cdots(\text{식 } 5\text{-}15)$$

여기서, χ_0^2=기초모델의 카이제곱치, df_0=기초모델의 자유도,
χ_p^2=제안모델의 카이제곱치, df_p=기초모델의 자유도를 나타냄.

$NNFI$는 표본의 크기에 영향을 받지 않는 지수로 소표본이든 대표본이든 상관없이 거의 비슷한 값을 갖는다.

■ NFI

NFI(Normed Fit Index)는 표준적합지수이다. 분자인 기초모델의 χ_0^2과 제안모델 χ_p^2 간의 차이를 기초모델의 χ_0^2로 나눈 값이다. 0.9 이상이면 적합한 모델로 판단할 수 있다.

$$NFI = \frac{\chi_0^2 - \chi_p^2}{\chi_0^2} \qquad\qquad \cdots\cdots(식\ 5\text{-}16)$$

여기서, χ_0^2＝기초모델의 카이제곱치, χ_p^2＝제안모델의 카이제곱치

3) 간명적합지수

간명적합지수(parsimonious fit index)는 연구자가 제안모델의 적합성과 모델이 어느 정도 간단한지를 판단하는 지표이다. 간명적합지수는 $PGFI$, $PNFI$, AIC 등이 있다. $PGFI$와 $PNFI$는 높을수록 좋다. 반면에 AIC는 낮을수록 모형의 간단한 정도, 즉 간명성이 높다고 판단한다.

$$AIC = \chi^2 + 2r \qquad\qquad\qquad \cdots\cdots(식\ 5\text{-}17)$$

여기서, χ^2＝제안모형의 카이제곱통계량, r＝자유모수의 수를 나타냄.

AIC는 경쟁모델을 비교하여 선택할 때 낮은 값을 판단 기준으로 삼을 수 있어 유용하다.

정리하면, 앞에서 언급한 지표들은 구조방정식모델 분석 결과물로 논문 작성이나 보고서 작성 과정에 제시해야 할 것들이다. 즉, 전체적인 숲(연구모델)과 나무들(데이터)의 어울림 상태를 나타내는 절대적합지수와 증분적합지수를 언급하면 된다. 모델의 적합도와 간명성까지 비교하는 모델경쟁전략을 구사할 경우는 간명적합지수를 함께 판단하면 된다. 절대적합지수, 증분적합지수, 간명적합지수 등은 다음에서 다룰 확인요인분석이나 이론모형 분석 단계에서 제시해야 하는 결과물이다.

구조방정식모델 분석 2단계

구조방정식모델은 통상적으로 2단계 접근법에 의해서 분석을 실시한다(Anderson, Gerbing, 1988). 1단계는 확인요인분석이고, 2단계는 이론모형 분석이다.

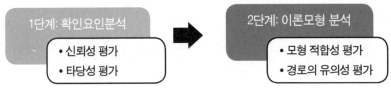

[그림 5-8] 구조방정식모델 분석 2단계

4.1 확인요인분석 단계

요인분석은 탐색요인분석과 확인요인분석 두 종류가 있다. 탐색요인분석은 사전에 특별히 가정을 하지 않은 상태에서 정보의 손실을 최소화하는 방법이다. 탐색요인분석은 변수의 성격을 통해서 요인 명칭을 찾아낸 다음 분산분석, 회귀분석, 판별분석 등 2차 분석에 활용하는 데 목적이 있다.

반면에 확인요인분석(CFA: Confirmatory Factor Analysis)은 측정모델이 어떤 변수에 의해 측정되어져 있는가를 확인하는 방법이다. 확인요인분석 단계에서 연구자는 신뢰성과 타당성을 평가하게 된다. 확인요인분석은 사전에 요인을 구성하는 변수들을 설정한다. 확인요인분석은 요인과 변수들의 관련성을 확인하는 절차이다. 이 분석을 통해서 신뢰성과 타당성을 언급할 수 있다.

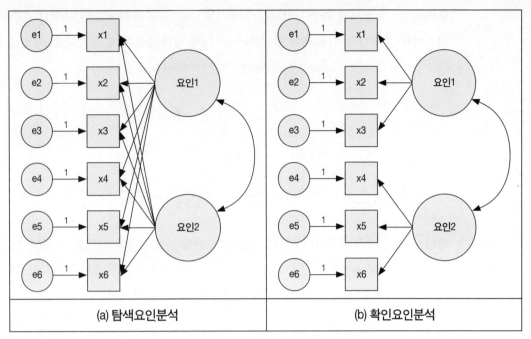

[그림 5-9]   탐색요인분석과 확인요인분석

1) 신뢰성

신뢰성은 측정문항의 일관성을 나타낸다. 신뢰성은 동일한 요인에 대해 측정을 반복하였을 때 동일한 값을 얻을 가능성을 말한다. 측정상에서 총분산은 참분산과 오차분산의 합이다. 신뢰성이란 총분산 중 참분산이 차지하는 비율이다. 논문화를 하는 과정에서 신뢰성을 구하는 방법은 두 가지가 있다. 한 가지는 통계 프로그램에서 Cronbach's alpha를 구하는 방법, 다른 한 가지는 구조방정식모델에서 표준적재치와 오차항을 통해서 신뢰성을 계산하는 방법이다. 먼저 Cronbach's alpha를 구하는 식을 나타내면 다음과 같다.

$$\alpha = \frac{k}{k-1}(1 - \sum_{i=1}^{k} \frac{\sigma_i^2}{\sigma_t^2})$$
$$\cdots\cdots(\text{식 } 5\text{-}18)$$

여기서, k=항목 수, σ_t^2=전체 분산, σ_i^2=각 항목의 분산을 나타냄.

Cronbach's alpha의 값이 0.7 이상이면 측정문항의 신뢰성은 높다고 평가할 수 있다.

구조방정식모델에서 확인요인분석에서 신뢰도는 측정변수와 요인 사이의 표준적재치와 오차항을 이용하여 계산한다. 이는 수렴타당성의 평가 잣대로 이용된다. 개념신뢰도(CR: Construct Reliability)의 계산식은 다음과 같다.

$$CR = \frac{(\sum_{i=1}^{n} \lambda_i)^2}{(\sum_{i=1}^{n} \lambda_i)^2 + (\sum_{i=1}^{n} \delta_i)} \qquad \cdots\cdots(식\ 5\text{-}19)$$

여기서, $(\sum_{i=1}^{n} \lambda_i)^2$=표준 요인부하량의 합, $(\sum_{i=1}^{n} \delta_i)$=측정오차의 합을 나타냄.

개념신뢰도가 0.7 이상이면 신뢰도 또는 집중타당성이 높다고 해석할 수 있다. 여기서 타당성(validity)을 설명하고 있는데, 타당성은 연구자가 측정하고자 하는 본래의 개념이나 속성을 정확히 반영하여 측정하였는가의 문제이다.

2) 타당성

구조방정식모델에서 타당성에 관한 내용을 자세히 서술해야 한다.

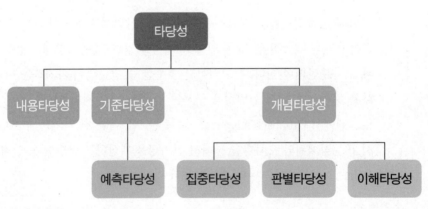

[그림 5-10] 타당성 종류

내용타당성(content validity 또는 face validity)은 측정문항들이 잠재개념과 요인을 제대로 측정하였는가에 관한 것이다. 내용타당성은 다분히 주관적인 판단에 의존하기 때문에 전문가의 자문을 거쳐 판단하는 것이 바람직하다.

기준타당성(criterion-related validity)은 예측타당성(predictive validity)과 동일한 내용

이다. 한 요인이나 개념의 상태 변화가 다른 요인이나 개념의 변화 정도를 예측할 수 있는 정도를 말한다. 연구자는 요인 간의 상관분석 결과를 통해서 기준타당성 또는 예측타당성을 평가할 수 있다.

개념타당성(construct validity)은 논리적이고 이론적인 배경하에서 측정하고자 하는 개념이 정확하게 측정되었는가에 관한 내용이다. 개념타당성은 집중타당성, 판별타당성, 이해타당성으로 판단할 수 있다.

집중타당성(convergent validity)은 특정 개념을 측정하는 항목들이 한 방향으로 높은 분산 비율을 공유하는 경우를 말한다. 집중타당성을 수렴타당성이라고도 부른다. 집중타당성을 평가하는 방법은 요인부하량, AVE(Average Variance Extracted, 평균분산추출), 개념신뢰도 등이 있다. 표준적재치가 0.5 이상이면 문항은 집중타당성이 있다고 판단한다. 표준적재치가 낮은 문항은 삭제하는 것도 고려할 수 있다. 또한 AVE는 표준적재치의 제곱합을 표준적재치의 제곱합과 오차분산의 합으로 나눈 값이다. AVE값이 0.5 이상일 때 집중타당성이 높다고 판단한다. 이를 식으로 나타내면 다음과 같다.

$$AVE = \frac{(\sum_{i=1}^{n} \lambda_i^2)}{(\sum_{i=1}^{n} \lambda_i^2) + (\sum_{i=1}^{n} \delta_i)} \qquad \cdots\cdots(\text{식 } 5\text{-}20)$$

여기서, $\sum_{i=1}^{n} \lambda_i^2$ = 요인적재치의 제곱합, $\sum_{i=1}^{n} \delta_i$ = 측정오차의 합을 나타냄.

판별타당성(discriminant validity)은 요인을 구성하는 측정문항들이 다른 측정항목에 의해 오염되지 않은 정도이다. 즉, 판별타당성은 서로 상이한 개념을 측정하였을 경우, 상관계수가 낮은 경우를 말한다. 이를 구조방정식모델 결과로 판단하는 방법으로는 평균분산추출지수(AVE)와 각 요인의 결정계수를 비교하는 방법, 상관계수 신뢰구간 사이에 상관계수가 1인 경우가 포함되는지 판단하는 방법, 비제약모델과 제약모델 간을 비교하는 방법 등이 있다. 여기서는 Fornell과 Larcker(1981)이 제시한 평균분산추출지수(AVE)와 각 요인의 결정계수를 비교하는 방법을 설명하기로 한다. 잠재요인의 AVE가 잠재요인 간의 상관계수의 제곱보다 크다면 완전 판별타당성이 있다고 해석한다. 만약 AVE가 상관계수의 제곱보다 작은 값이 있다면 부분 판별타당성을 만족했다고 언급하고 그 다음 단계인 이론모델 분석을 실시하면 된다.

이해타당성(nomological validity)은 특정 개념과 또 다른 특정 개념 사이의 이론적인 연결이 통계적으로 설명할 수 있는지에 관한 것이다. 구조방정식모델에서는 개념과 개념 사이의 상관행렬을 통해서 상관 정도(힘의 크기), 방향성 등을 추론할 수 있다.

4.2 이론모델 분석 단계

이론모델 분석(SM: Structural Model Analysis) 단계는 잠재변수들 간의 영향 관계를 파악하는 과정이다. 이때 연구자는 모형의 적합성과 각 경로 간의 유의성을 검정하게 된다.

연구모형의 적합성 여부는 카이제곱통계량과 적합지수를 통해서 확인한다. χ^2, df(자유도), GFI(0.9 이상), $AGFI$(0.9 이상), TLI(0.9 이상), RMR(0.05 이하), $SRMR$(0.05 이하), $RMSEA$(0.05 이하) 등을 주로 이용한다.

이어 경로 간의 유의성 평가는 회귀분석에서는 가설검정 통계량으로 t분포를 사용한다. 구조방정식모델에서는 σ^2(모분산)을 안다는 가정과 표본의 크기가 충분히 큰 경우($n > 30$)에 해당하므로 t분포 대신 z분포를 사용한다. z통계량은 t통계량의 확장이라고 생각하면 된다. 통계학의 가설검정이나 신뢰구간 추정 문제 검정통계량은 일반적으로 표본의 크기와 모분산을 아는가 그렇지 못한가에 따라 달라진다.

[표 5-4] 검정통계량

표본 크기 ＼ 모분산 인지 여부	모분산(σ^2)을 아는 경우	모분산(σ^2)을 모르는 경우
표본(n) ≥ 30	Z	Z
표본(n) < 30	Z	t

경로계수의 유의성을 판단하기 위한 귀무가설과 연구가설은 다음과 같다.

H_0: 경로계수는 유의하지 못하다. 또는 (β_i=0)

H_1: 경로계수는 유의하다. 또는 ($\beta_i \neq 0$)

귀무가설의 채택과 기각의 임계치는 95% 신뢰수준, 즉 1-신뢰수준, α =0.05에서 ±1.96이다. z 통계량이 ±1.96보다 작으면($p>\alpha$ =0.05) 귀무가설을 채택하고 ±1.96보다 크면($p<\alpha$ =0.05) 귀무가설을 기각하고 연구가설을 채택하게 된다.

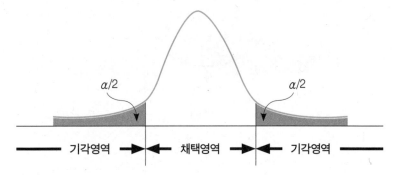

[그림 5-11] Z분포와 가설 채택 여부

[참고문헌] ....

Anderson, J. C., Gerbing, D. W.(1988), Structural Equation Modeling in Practice: A Review and Recommended Two-Step Approach, Psychological Bulletin 103: 411-423.

Fornell, C., Larcker, D.F.(1981), Evaluating Structural Equations Models with Unobservable Variables and Measurement Error, Journal of Marketing Research 18(February), pp. 39-50.

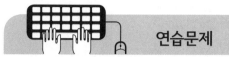

연습문제

1. 다음의 연구모델은 인과모델이 성립하기 위한 네 가지 조건에 문제가 없는지 토론해보자.

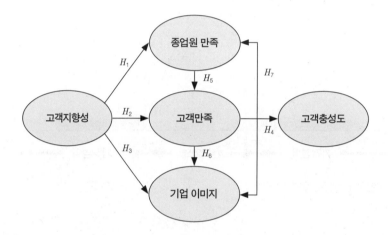

2. 연구모델의 적합성을 판단하는 지수와 경로 간 유의성 판단 방법에 대하여 언급하여라.

확인요인분석

6장

인생에서 순간순간 소중하고 값지게 만들 수 있는 것은
바로 자기 자신 안에 있다.

– 확인요인분석의 개념을 이해한다.

– 반영지표와 조형지표를 구분할 수 있다.

– R 프로그램을 이용하여 확인요인분석을 실시할 수 있다.

– 확인요인분석 결과를 해석할 수 있다.

제1절 확인요인분석 개념

앞 장에서 다룬 것처럼, 요인분석은 탐색요인분석과 확인요인분석 두 종류가 있다. 탐색요인분석(EFA: Exploratory Factor Analysis)은 사전에 특별히 가정을 하지 않은 상태에서 정보의 손실을 최소화하는 방법이다. 탐색요인분석은 변수의 성격을 통해서 요인 명칭을 찾아내고 분산분석, 회귀분석, 판별분석 등 2차 분석에 활용하는 데 목적이 있다.

반면에 확인요인분석(CFA: Confirmatory Factor Analysis)은 측정모델이 어떤 변수에 의해 측정되어져 있는가를 확인하는 방법이다. 확인요인분석 단계에서 연구자는 신뢰성과 타당성을 평가하게 된다. 확인요인분석은 사전에 요인을 구성하는 변수들을 설정한다. 확인요인분석은 요인과 변수들의 관련성을 확인하는 절차이다. 연구자는 이 분석을 통해서 신뢰성과 타당성을 언급할 수 있다.

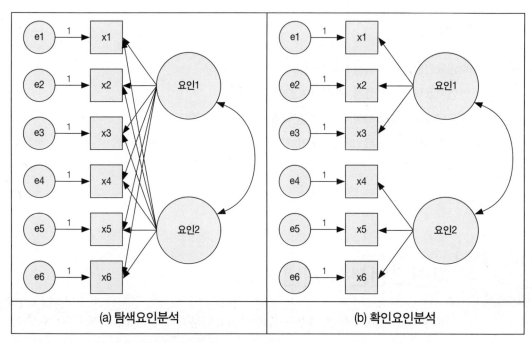

[그림 6-1]   탐색요인분석과 확인요인분석

1) 신뢰성

신뢰성은 측정문항의 일관성을 나타낸다. 신뢰성은 동일한 요인에 대해 측정을 반복하였을 때 동일한 값을 얻을 가능성을 말한다. 측정상에서 총분산은 참분산과 오차분산의 합이다. 신뢰성이란 총분산 중 참분산이 차지하는 비율이다. 논문화를 하는 과정에서 신뢰성을 구하는 방법은 두 가지가 있다. 한 가지는 Cronbach's alpha를 구하는 방법, 다른 한가지는 구조방정식모델에서 표준적재치와 오차항을 통해서 신뢰성을 계산하는 방법이다. 먼저 Cronbach's alpha를 구하는 식을 나타내면 다음과 같다.

$$\alpha = \frac{k}{k-1}(1 - \sum_{i=1}^{k} \frac{\sigma_i^2}{\sigma_t^2}) \qquad\qquad \cdots\cdots(\text{식 } 6\text{-}1)$$

여기서, k=항목 수, σ_t^2=전체 분산, σ_i^2=각 항목의 분산을 나타냄.

Cronbach's alpha의 값이 0.7 이상이면 측정문항의 신뢰성은 높다고 평가할 수 있다.

구조방정식모델에서 확인요인분석에서 신뢰도는 측정변수와 요인 사이의 표준 적재치와 오차항을 이용하여 계산한다. 이는 수렴타당성의 평가 잣대로 이용된다. 개념신뢰도(CR: Construct Reliability)의 계산식은 다음과 같다.

$$CR = \frac{(\sum_{i=1}^{n}\lambda_i)^2}{(\sum_{i=1}^{n}\lambda_i)^2 + (\sum_{i=1}^{n}\delta_i)} \qquad \cdots\cdots(\text{식 } 6\text{-}2)$$

여기서, $(\sum_{i=1}^{n}\lambda_i)^2$=표준 요인부하량의 합, $(\sum_{i=1}^{n}\delta_i)$=측정오차의 합을 나타냄.

개념신뢰도가 0.7 이상이면 신뢰도 또는 집중타당성이 높다고 해석할 수 있다. 여기서 타당성(validity)를 설명하고 있는데, 타당성은 연구자가 측정하고자 하는 본래의 개념이나 속성을 정확히 반영하여 측정하였는가의 문제이다.

2) 타당성

구조방정식모델에서 타당성에 관한 내용을 자세히 서술해야 한다.

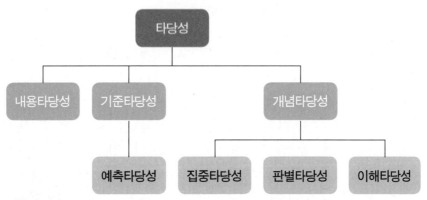

[그림 6-2]　타당성 종류

내용타당성(content validity 또는 face validity)은 측정문항들이 잠재개념과 요인을 제대로 측정하였는가에 관한 것이다. 내용타당성은 다분히 주관적인 판단에 의존하기 때문에 전문가의 자문을 거쳐 판단하는 것이 바람직하다.

기준타당성(criterion-related validity)은 예측타당성(predictive validity)과 동일한 내용이다. 한 요인이나 개념의 상태 변화가 다른 요인이나 개념의 변화 정도를 예측할 수 있는 정도를 말한다. 연구자는 요인 간의 상관분석 결과를 통해서 기준타당성 또는 예측타당성을 평가할 수 있다.

개념타당성(construct validity)은 논리적이고 이론적인 배경하에서 측정하고자 하는 개념이 정확하게 측정되었는가에 관한 내용이다. 개념타당성은 집중타당성, 판별 타당성, 이해타당성으로 판단할 수 있다.

집중타당성(convergent validity)은 특정 개념을 측정하는 항목들이 한 방향으로 높은 분산 비율을 공유하는 경우를 말한다. 집중타당성을 수렴타당성이라고도 부른다. 집중타당성을 평가하는 방법은 요인부하량, AVE(Average Variance Extracted, 평균분산추출), 개념신뢰도 등이 있다. 표준적재치가 0.5 이상이면 문항은 집중타당성이 있다고 판단한다. 표준적재치가 낮은 문항은 삭제하는 것도 고려할 수 있다. 또한 AVE는 표준적재치의 제곱합을 표준적재치의 제곱합과 오차분산의 합으로 나눈 값이다. AVE값이 0.5 이상일 때 집중타당성이 높다고 판단한다. 이를 식으로 나타내면 다음과 같다.

$$AVE = \frac{(\sum_{i=1}^{n} \lambda_i^2)}{(\sum_{i=1}^{n} \lambda_i^2) + (\sum_{i=1}^{n} \delta_i)} \qquad \cdots\cdots (\text{식 } 6\text{-}3)$$

여기서, $\sum_{i=1}^{n} \lambda_i^2$ = 요인적재치의 제곱합, $\sum_{i=1}^{n} \delta_i$ = 측정오차의 합을 나타냄.

판별타당성(discriminant validity)은 요인을 구성하는 측정문항들이 다른 측정항목에 의해 오염되지 않은 정도이다. 즉, 판별타당성은 서로 상이한 개념을 측정하였을 경우, 상관계수가 낮은 경우를 말한다. 이를 구조방정식모델 결과로 판단하는 방법으로는 평균분산추출지수(AVE)와 각 요인의 결정계수를 비교하는 방법, 상관계수 신뢰구간 사이에 상관계수가 1인 경우가 포함되는지 판단하는 방법, 비제약모델과 제약모델 간을 비교하는 방법 등이 있다. 여기서는 Fornell과 Larcker(1981)이 제시한 평균분산추출지수(AVE)와 각 요인의 결정계수를 비교하는 방법을 설명하기로 한다. 잠재요인의 AVE가 잠재요인 간의 상관계수의 제곱보다 크다면 완전 판별타당성이 있다고 해석한다. 만약 AVE가 상관계수의 제곱보다 작은 값이 있다면 부분 판별타당성을 만족했다고 언급하고 그 다음 단계인 이론모델 분석을 실시하면 된다.

이해타당성(nomological validity)은 특정 개념과 또 다른 특정 개념 사이의 이론적인 연결이 통계적으로 설명할 수 있는지에 관한 것이다. 구조방정식모델에서는 개념과 개념 사이의 상관행렬을 통해서 상관 정도(힘의 크기), 방향성 등을 추론할 수 있다.

제2절 조형지표와 반영지표

인과성의 문제는 측정모델 이론에 영향을 미친다. 인간 행동 연구자들은 전형적으로 측정변수에 영향을 미치는 잠재요인에 대하여 고민하고 학습한다. 측정모델 구축 시에 요인과 측정변수의 관계에서 화살표의 시작점과 끝점을 어떻게 연결할 것인가가 주요 고민 사항이다.

측정모델 구축 시 요인과 변수의 관계에서 화살표 방향에 따라 명칭이 달라진다. 요인에서 변수로 화살표가 향하는 측정모델을 반영지표모델(reflective indicator model)이라고 부른다. 반면에 변수에서 요인으로 화살표가 향하는 측정모델을 조형지표모델(formative indicator model)이라고 부른다. 조형지표와 반영지표의 판단 방법은 다음 그림으로 설명한다.

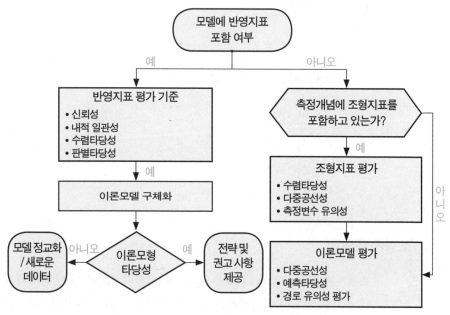

[그림 6-3]   반영지표와 조형지표 판단 방법

2.1 반영지표모델

측정모델에서 잠재요인에서 측정변수들로 화살표가 향하여 있는 경우를 반영지표모델(reflective indicator model)이라고 한다. 반영지표모델의 잠재개념은 측정변수들의 원인이 된다. 다시 말하면 측정변수들은 잠재개념에 의존한다. 따라서 오차항, 즉 측정으로 완전히 설명할 수 없는 부분이 존재한다. 반영측정 이론에 포함된 측정변수들은 서로 신뢰성과 상관성이 높다. 반영지표의 예는 다음과 같다. '시간의 정확성' 요인은 시간 이용, 마감시간 준수, 전화회신 속도 등이 이에 해당한다.

예를 들어, 삶의 만족도 요인이 네 가지 변수(전반적인 만족도, 삶의 만족도, 주거환경 만족도, 직업 만족도)를 설명한다면 다음과 같은 그림으로 나타낼 수 있다.

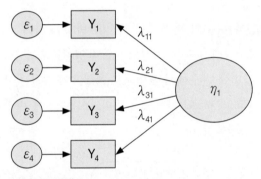

[그림 6-4]   반영지표모델

반영지표모델을 수학식으로 나타내면 다음과 같다.

$$Y_1 = \lambda_{11} \cdot \eta_1 + \varepsilon_1$$
$$Y_2 = \lambda_{21} \cdot \eta_1 + \varepsilon_2$$
$$Y_3 = \lambda_{31} \cdot \eta_1 + \varepsilon_3 \qquad \cdots\cdots(\text{식 } 6\text{-}4)$$
$$Y_4 = \lambda_{41} \cdot \eta_1 + \varepsilon_4$$

2.2 조형지표모델

조형지표모델(formative measurement model)은 측정변수들이 잠재개념에 영향을 준다는 기본 가정에서 출발한다. 반영지표모델과 달리 조형지표모델의 변수들은 상이하여 관련성이 낮으며 신뢰성도 낮다. 측정변수 간에 상관성이 낮다고 해서 무조건 변수를 제거하면 요인을 제대로 설명할 수 없는 원인이 되기도 한다. 조형지표모델의 예는 다음과 같다. 생활스트레스 요인은 실직, 이혼, 최근 사고 등에 의해서 결정된다고 한다면 이는 조형지표모델에 해당한다.

만약 '사회경제지수' 요인은 교육수준, 직업, 소득수준(1~10분위) 등 세 가지 변수로 구성된다고 하자. 이를 그림으로 나타내면 다음과 같다.

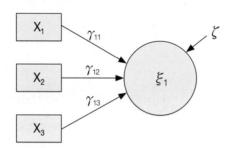

[그림 6-5] 조형지표모델

위의 조형지표모델을 식으로 나타내면 다음과 같다.

$$\xi_1 = \gamma_{11} \cdot x_1 + \gamma_{12} \cdot x_1 + \gamma_{13} \cdot x_1 \qquad\qquad \cdots\cdots(식\ 6\text{-}5)$$

지금까지 설명한 반영지표모델과 조형지표모델에 대한 내용을 표로 나타내면 다음과 같다.

[표 6-1] 반영지표모델과 조형지표모델 비교

반영지표모델	특징	조형지표모델
항목들은 개념에 의해서 설명	인과성	개념은 항목들로부터 형성됨
모든 항목은 개념에 관련이 있음	항목 간의 관계	항목 간 개념적 연결이 필요치 않음
잠재항목의 대표	항목 영역	모든 항목이 포함
공분산 정도가 높음(요인분석 가능)	공분산	공분산 정도 낮음
필요	신뢰성 판단	필요 없음
내적 또는 외적 타당성 확보 필요	개념타당성	외적 타당성 확보 필요

R을 이용한 확인요인분석

3.1 R 프로그램 운용

2장 '데이터 관리'에서 다룬 데이터 파일(data.csv)을 이용하여 확인요인분석을 실시하여 보자. 우선 R 구조방정식모델 분석 전문 프로그램인 Lavaan을 실행하기에 앞서, 연구자는 요인분석을 포함한 구조방정식모델 분석을 실시하기 위해서 몇 가지 명령어 체계를 알아야 한다.

[표 6-2] 명령어 체계

공식 유형(Formula type)	연산기호(operator)	명령 코드(mnemonic)
잠재요인 정의(latent variablble efinition)	= ~	변수에 의해 측정되는 요인
회귀분석(regression)	~	변수를 통해 회귀되는 경우
잔차 간의 공분산(residual (co)variance)	~ ~	관련성
상수항(intercept)	~ 1	상수
정의된 모수(defined parameter)	:=	사전에 정의되는 경우
동질성 제약(equality constraint)	==	동일함
비동질성 제약(inequality constraint)	〈	작은 경우
비동질성 제약(inequality constraint)	〉	큰 경우

확인요인분석을 실시하기 위해서 R을 불러온 뒤 다음과 같이 입력한다.

[그림 6-6]　명령문 입력창　　　　　　　　　　　　　　　　　　[데이터] ch6-1.R

다음과 같이 명령어를 작성한 다음(변수 소문자, 대문자 확실히 구분) 마우스로
범위를 정한다. 이어, RStudio 오른쪽 하단 **Packages** 창에서 ☑ lavaan 과
☑ semPlot 프로그램을 지정한다. 여기서 lavaan 프로그램은 구조방정식모델 프
로그램, semPlot는 경로도형 그리기 구조방정식모델 분석 전문 프로그램이라고
생각하면 된다. 명령어의 모든 범위를 지정하고 ➡Run 버튼을 실행한다. 그러
면 다음과 같은 결과를 얻을 수 있다.

```
lavaan (0.5-18) converged normally after  53 iterations
    Number of observations                          730
    Estimator                                        ML
    Minimum Function Test Statistic             653.277
    Degrees of freedom                              160
    P-value (Chi-square)                          0.000

Model test baseline model:
    Minimum Function Test Statistic            9378.667
    Degrees of freedom                              190
    P-value                                       0.000

User model versus baseline model:

    Comparative Fit Index (CFI)                   0.946
    Tucker-Lewis Index (TLI)                      0.936

Loglikelihood and Information Criteria:

    Loglikelihood user model (H0)            -16054.232
    Loglikelihood unrestricted model (H1)    -15727.593

    Number of free parameters                        50
    Akaike (AIC)                              32208.464
    Bayesian (BIC)                            32438.116
    Sample-size adjusted Bayesian (BIC)       32279.350

Root Mean Square Error of Approximation:

    RMSEA                                         0.065
    90 Percent Confidence Interval          0.060  0.070
    P-value RMSEA <= 0.05                         0.000

Standardized Root Mean Square Residual:
    SRMR                                          0.041

Parameter estimates:
    Information                                Expected
    Standard Errors                            Standard
```

[그림 6-7]　적합지수

결과 해석 ▮ 구조방정식모델 분석 프로그램인 lavaan(0.5-18)으로 분석을 하여 53회의 회전을 통해서 수렴하는 결과를 얻었음을 알 수 있다(converged normally after 53 iterations). 관찰표본수(Number of observations)는 730명이다. 추정방식(Estimator)은 최대우도법(ML)에 의해서 계산되었음을 나타낸다. 최대우도법은 확률표본 x가 우도함수를 최대로 하는 모수(θ)를 추정하는 방법이다. 최대우도법에 의해서 산출되는 추정량은 일치성과 충분성을 갖는다.

카이제곱통계량(Minimum Function Test Statistic)은 653.277이다. 자유도(Degrees of freedom)는 160이다. 여기에 해당하는 P-value (Chi-square)는 0.000이다.

기본모델(Model test baseline model)의 카이제곱통계량(Minimum Function Test Statistic)은 9378.667이다. 자유도(Degrees of freedom)는 190이다. 이에 해당하는 확률(P-value)은 0.000이다.

사용자 모델과 기본모델의 기본 통계량(User model versus baseline model)을 살펴보면, Comparative Fit Index(CFI)는 0.946이다. Tucker-Lewis Index(TLI)는 0.936이다. Tucker-Lewis Index(TLI)는 일명 NNFI(Non-Normed Fit Index)라고 한다. 로그우도와 정보 평가(Loglikelihood and Information Criteria)에서 로그우도는 정확하게는 엔트로피를 정의하는데(확률의 역수에 log를 취함) 로그우도 사용자 모델(Loglikelihood user model)의 귀무가설(H_0)은 −16054.232이다. 로그우도의 비제약모델(Loglikelihood unrestricted model)의 연구가설(H_1)은 −15727.593이다. 여기서 추정모수(Number of free parameters)는 50이다. 아카이정보지수(Akaike, AIC)는 32208.464이다. 베이지안 지수(Bayesian, BIC)는 32438.116이다. 표본크기 조정 베이지안 지수(Sample-size adjusted Bayesian, BIC)는 32279.350이다.

근사오차평균제곱의 이중근(Root Mean Square Error of Approximation: RMSEA)은 0.065이다. 근사오차평균의 이중근은 다음 식으로 나타낼 수 있다.

$$RMSEA = \sqrt{\dfrac{F_0}{df}} \qquad\qquad \cdots\cdots(\text{식 } 6\text{-}6)$$

여기서, F_0＝모집단 불일치 함수값, df＝ 제안모델의 자유도를 나타냄.

근사오차평균제곱의 이중근은 근사적합(close fit)을 검증하는 데 사용한다. 근사오차평균제곱의 이중근의 90% 신뢰수준(90 Percent Confidence Interval)은

[0.060 0.070]이다. 이는 0.08 이하이기 때문에 양호한 적합도를 보인다고 판단할 수 있다. 모집단의 RMSEA가 0.05보다 작을 확률(P-value RMSEA <= 0.05)은 0.000이다. 이는 H_0: RMSEA ≤ 0.05이므로 근사적합(close fit)함을 알 수 있다.

표준화 SRMR(Standardized Root Mean Square Residual: SRMR)은 0.041이다. 이는 표본상관행렬과 모상관행렬의 차이제곱의 합에 제곱근(Root, $\sqrt{\ }$)을 취한 것을 표준화한 것이다. SRMR은 0에 가까운 경우가 적합도가 우수한 모델이라고 할 수 있다. SRMR은 0.05보다 낮으면 우수한 모델이라고 판단한다.

```
                  Estimate  Std.err  Z-value  P(>|z|)  Std.lv  Std.all
Latent variables:
  price =~
    x1              1.000                               0.769    0.813
    x2              1.029    0.039   26.479   0.000     0.791    0.852
    x3              1.119    0.042   26.654   0.000     0.860    0.856
    x4              1.051    0.043   24.488   0.000     0.808    0.804
  service =~
    x5              1.000                               0.832    0.840
    x6              1.005    0.034   29.185   0.000     0.836    0.874
    x7              0.981    0.037   26.821   0.000     0.816    0.826
    x8              0.999    0.038   26.098   0.000     0.831    0.811
  atm =~
    x9              1.000                               0.704    0.724
    x10             1.082    0.055   19.819   0.000     0.762    0.795
    x11             1.054    0.054   19.572   0.000     0.742    0.784
    x12             0.983    0.056   17.714   0.000     0.693    0.705
  cs =~
    y1              1.000                               0.730    0.747
    y2              1.080    0.050   21.518   0.000     0.788    0.815
    y3              1.161    0.056   20.863   0.000     0.847    0.790
    y4              1.094    0.055   20.061   0.000     0.798    0.760
  cl =~
    y5              1.000                               0.737    0.768
    y6              0.941    0.048   19.539   0.000     0.693    0.727
    y7              0.914    0.046   19.893   0.000     0.674    0.739
    y8              0.803    0.052   15.349   0.000     0.592    0.583
```

[그림 6-8]   요인 간 비표준화 및 표준화계수

결과 해석 ▌ 각 요인을 구성하는 변수 사이의 비표준화계수(Estimate)와 표준오차(std. err), 이에 대한 z-value, 확률값(P)이 나타나 있다. 특히 표준적재치(std. all)도 나타나 있다. 네모 상자 안의 수치는 각 요인을 구성하는 개별 변수의 표준적재치이다. 이는 신뢰도와 평균분산추출지수를 계산하는 데 사용되기 때문에 연구자는 눈여겨 봐야 할 것이다.

```
                  Estimate  Std.err  Z-value  P(>|z|)   Std.lv   Std.all
Covariances:
  price ~~
    service        0.452     0.035    13.051   0.000     0.706    0.706
    atm            0.378     0.031    12.016   0.000     0.698    0.698
    cs             0.297     0.029    10.362   0.000     0.530    0.530
    cl             0.397     0.032    12.318   0.000     0.701    0.701
  service ~~
    atm            0.382     0.033    11.703   0.000     0.652    0.652
    cs             0.409     0.034    12.153   0.000     0.673    0.673
    cl             0.447     0.035    12.756   0.000     0.729    0.729
  atm ~~
    cs             0.312     0.029    10.701   0.000     0.607    0.607
    cl             0.389     0.032    12.022   0.000     0.749    0.749
  cs ~~
    cl             0.444     0.035    12.869   0.000     0.827    0.827
```

[그림 6-9] 공분산 및 상관계수

결과 해석 ▌ 각 요인별 공분산행렬과 상관행렬의 값이 나타나 있다. 특히 네모 상자 안의 수치
는 각 요인 간의 상관행렬을 나타낸다. 이는 향후 상관행렬을 이용한 기준타당성,
예측타당성, 그리고 판별타당성을 언급할 때 사용하는 수치이기 때문에 연구자가
눈여겨 봐야 할 수치이다.

	Estimate	Std.err	Z-value	P(>|z|)	Std.lv	Std.all
Variances:						
x1	0.303	0.020			0.303	0.339
x2	0.237	0.017			0.237	0.275
x3	0.270	0.019			0.270	0.267
x4	0.357	0.023			0.357	0.354
x5	0.289	0.019			0.289	0.295
x6	0.217	0.016			0.217	0.237
x7	0.310	0.020			0.310	0.317
x8	0.358	0.023			0.358	0.342
x9	0.450	0.028			0.450	0.476
x10	0.338	0.024			0.338	0.368
x11	0.346	0.024			0.346	0.386
x12	0.485	0.030			0.485	0.503
y1	0.421	0.026			0.421	0.442
y2	0.315	0.022			0.315	0.336
y3	0.432	0.029			0.432	0.376
y4	0.465	0.030			0.465	0.422
y5	0.378	0.025			0.378	0.410
y6	0.429	0.027			0.429	0.471
y7	0.377	0.024			0.377	0.454
y8	0.681	0.038			0.681	0.661
price	0.591	0.046			1.000	1.000
service	0.692	0.051			1.000	1.000
atm	0.496	0.046			1.000	1.000
cs	0.532	0.047			1.000	1.000
cl	0.543	0.046			1.000	1.000

[그림 6-10] 오차항

결과 해석 각 요인을 구성하는 측정변수의 측정오차는 분산과 관련이 있다. 따라서 가격
(price)요인을 구성하는 측정변수(x1, x2, x3, x4)의 측정오차는 0.303, 0.237, 0.270,
0.357이다.

지금까지 설명한 표준적재치와 측정오차를 이용하여 신뢰도와 평균분산추출
(AVE: Average Variance Extracted)을 구할 수 있다.

신뢰도는 구조방정식모델에서 확인요인분석에서 측정변수와 요인 사이의 표준
적재치와 오차항을 이용하여 계산한다. 이는 수렴타당성의 평가 잣대로 이용된
다. 개념신뢰도(CR: Construct Reliability)의 계산식은 다음과 같다.

$$CR = \frac{(\sum_{i=1}^{n} \lambda_i)^2}{(\sum_{i=1}^{n} \lambda_i)^2 + (\sum_{i=1}^{n} \delta_i)} \qquad \cdots\cdots(식\ 6\text{-}7)$$

여기서, $(\sum_{i=1}^{n} \lambda_i)^2$=표준 요인부하량의 합, $(\sum_{i=1}^{n} \delta_i)$=측정오차의 합을 나타냄.

AVE(Average Variance Extracted)는 표준적재치의 제곱합을 표준적재치의 제곱합과 오차분산의 합으로 나눈 값이다. AVE값이 0.5 이상일 때 집중타당성이 높다고 판단한다. 이를 식으로 나타내면 다음과 같다.

$$AVE = \frac{(\sum_{i=1}^{n}\lambda_i^2)}{(\sum_{i=1}^{n}\lambda_i^2)+(\sum_{i=1}^{n}\delta_i)} \qquad \cdots\cdots(식\ 6\text{-}8)$$

여기서, $\sum_{i=1}^{n}\lambda_i^2$=요인적재치의 제곱합, $(\sum_{i=1}^{n}\delta_i)$=측정오차의 합을 나타냄.

앞의 [그림 6-7]에서 해당 요인의 변수에 대한 표준적재치와 [그림 6-10] 오차항을 통해서 신뢰도와 평균분산추출지수를 계산한다.

[표 6-3]   표준적재치, 신뢰도, 분산추출지수

변수	경로	요인	표준적재치 (0.5 이상)	오차항	신뢰도(0.7 이상)	평균분산추출지수(AVE) (0.5 이상)
x1	<---	Price	0.813	0.303	0.905	0.703
x2	<---		0.852	0.237		
x3	<---		0.856	0.270		
x4	<---		0.804	0.357		
x5	<---	Service	0.840	0.289	0.905	0.705
x6	<---		0.874	0.217		
x7	<---		0.826	0.310		
x8	<---		0.811	0.358		
x9	<---	Atm	0.724	0.450	0.848	0.583
x10	<---		0.795	0.338		
x11	<---		0.784	0.346		
x12	<---		0.705	0.485		
y1	<---	Cs	0.747	0.421	0.856	0.597
y2	<---		0.815	0.315		
y3	<---		0.790	0.432		
y4	<---		0.760	0.465		
y5	<---	CI	0.768	0.378	0.810	0.518
y6	<---		0.727	0.429		
y7	<---		0.739	0.377		
y8	<---		0.583	0.681		

[데이터] 엑셀 신뢰성, 타당성 계산.xls

결과 해석 ┃ 각 요인을 구성하는 표준석재치가 기준치인 0.5 이상, 신뢰도가 0.7 이상, AVE(평균분산추출)가 0.5 이상이기 때문에 집중타당성(수렴타당성)이 있는 것으로 나타났다. 확인요인분석 결과에 대한 경로도형은 오른쪽 하단 화면에서 확인할 수 있다. 만약 신뢰도나 분산추출지수가 기준치보다 낮은 요인이 있는 경우, 앞의 표준적재치 기준(0.5)보다 낮은 값이 있는지를 확인하고 표준적재치가 기준치보다 낮은 경우는 제거할 수 있다. 이를 변수 가지치기(variable prune)라고 부른다.

이어, 판별타당성을 평가하는 방법을 알아보자. 판별타당성을 평가하기 위해서는 Fornell & Lacker(1981)의 방법을 이용하면 된다. 이 방법은 평균분산추출지수(AVE)가 요인 간 상관계수의 제곱(r^2)보다 크다면 완전 판별타당성을 갖는다고 해석한다. 그렇지 않고 반대인 경우는 부분 판별타당성이 있다고 해석한다.

$$완전\ 판별타당성 = 요인\ 간\ 상관계수의\ 제곱(r^2) > 평균분산추출지수(AVE)$$
$$부분\ 판별타당성 = 요인\ 간\ 상관계수의\ 제곱(r^2) < 평균분산추출지수(AVE)$$
$$\cdots\cdots(식\ 6\text{-}9)$$

또는

$$완전\ 판별타당성 = 요인\ 간\ 상관계수의\ 제곱(r) > \sqrt{AVE}$$
$$부분\ 판별타당성 = 요인\ 간\ 상관계수의\ 제곱(r) < \sqrt{AVE}$$

연구자는 앞의 [그림 6-8] 공분산 및 상관계수와 [표 6-3]에서 구한 평균분산추출지수(AVE) 비교를 통해서 판별타당성 여부를 확인할 수 있다.

[표 6-4] 상관계수와 평균분산추출지수

요인	price(#1)	service(#2)	atm(#3)	cs(#4)	cl(#5)	AVE	SQRT(AVE)
price	1					0.703	0.838
service	0.706	1				0.705	0.840
atm	0.698	0.652	1			0.583	0.764
cs	0.530	0.673	0.607	1		0.597	0.773
cl	0.701	0.729	0.749	0.827	1	0.518	0.720

대각선의 상관행렬값(삼각형)과 평균분산추출지수(AVE)의 제곱근($\sqrt{AVE}$)을 비교해 본 결과, 일부 요인에서 평균분산추출지수값이 상관행렬값보다 크기 때문에

모든 요인에서 부분 판별타당성을 보인다고 해석하면 된다.

만약 평균분산추출지수를 직접 R 프로그램에서 구하고 싶다면 다음과 같은 명령어를 입력하면 된다. Rstudio에서 다음과 같이 입력한다.

```
data=read.csv("D:/r-SEM/data/data.csv")
model <- 'price =~ x1 + x2 + x3 + x4
service =~ x5 + x6 + x7 + x8
atm =~ x9 + x10 + x11 + x12
cs =~ y1 + y2 + y3 + y4
cl =~ y5 + y6 + y7 + y8'
fit <- cfa(model, data =data)
loadMatrix <- inspect(fit, "std")$lambda        ← 평균분산추출(AVE)지수 산출 명령어
loadMatrix[loadMatrix==0] <- NA
apply(loadMatrix^2.2.mean. na.rm = TRUE)
summary(fit, standardized = TRUE, fit.measure=TRUE)
diagram<-semPlot::semPaths(fit,
                           whatLabels="std", intercepts=FALSE, style="lisrel",
                           nCharNodes=0,
                           nCharEdges=0,
                           curveAdjacent = TRUE,title=TRUE, layout="tree2",curvePivot=TRUE)
```

[그림 6-11]   평균분산추출지수 산출 명령어

마우스로 명령어의 모든 범위를 지정하고 <kbd>Run</kbd> 버튼을 실행한다. 그러면 Console 창에서 다음과 같은 결과를 얻을 수 있다.

```
> loadMatrix <- inspect(fit, "std")$lambda
> loadMatrix[loadMatrix==0] <- NA
> apply(loadMatrix^2,2,mean, na.rm = TRUE)
    price    service        atm         cs         cl
0.6913111  0.7024364  0.5670244  0.6059256  0.5009582
```

[그림 6-12]   평균분산추출지수 결과 화면

결과 해석   평균분산추출(AVE)이 price, service, atm, cs, cl의 값이 각각 0.691, 0.702, 0.567, 0.606, 0.500 등으로 나타나 있다. 이 값은 앞 [표 6-3] 표준적재치, 신뢰도, 분산추출지수에서 계산한 값과 조금 다름을 알 수 있다. 이는 표준적재치와 오차항

의 값을 반올림하지 않고 R 프로그램에서 있는 그대로 반영하여 계산하였기 때
문이다.

확인요인분석한 결과를 그림으로 확인하기 위해서 Rstudio 화면의 오른쪽 하단
을 살펴보면, 다음과 같은 그림을 발견할 수 있다.

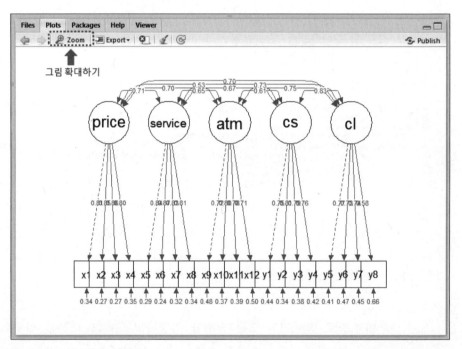

[그림 6-13] 확인요인분석 결과 경로도

숫자가 너무 작게 나와 제대로 알아 볼 수 없으니 Zoom 버튼을 눌러 경로도형
을 확대해서 보기로 하자. 그러면 보다 선명한 화면을 얻을 수 있다.

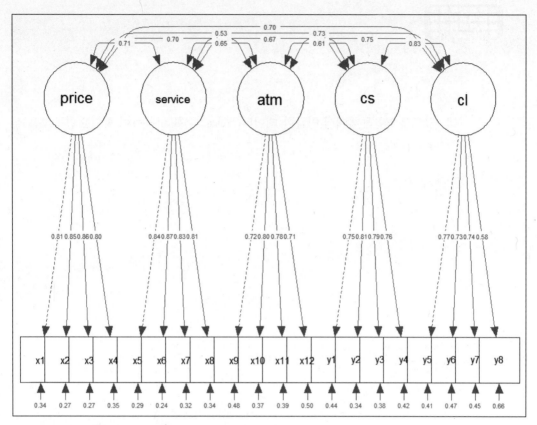

[그림 6-14] 경로도형 확대 화면

[참고문헌]

Fornell, C., Larcker, D.F.(1981), Evaluating Structural Equations Models with Unobservable Variables and Measurement Error, Journal of Marketing Research 18(February), pp. 39-50.

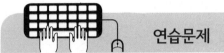

1. 앞 2장 연습문제에서 언급한 데이터(exdata.csv)를 이용하여 확인요인분석을 실시하여 보자.

7장 이론모델 분석

계수's 생각

구조방정식모델링을 분석하는 보람은
분석이 쉬운지 어려운지, 성공할 수 있는지 아닌지에 있는 것이 아니라
과정에 담긴 희망과 인내, 그 일에 쏟아부은 노력에 있다.

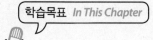

학습목표 *In This Chapter*

- 이론모형의 개념을 이해한다.
- R 프로그램에서 이론모형을 분석할 수 있다.
- 수정모델 전략을 이해하고 R 프로그램에서 실행할 수 있다.

제1절 # 이론모델

연구자는 연구를 시작하면서 이론적 배경과 시간적인 우선순위, 외생변수 제거, 공유공분산 등을 감안하여 연구모델을 구축할 것이다. 이 경우 동그라미를 그리고 그 안에 단어를 기록할 것이다. 이 단어가 개념(construct), 요인(factor), 잠재변수(latent variables)가 되는 것이다. 만약 위대한 조직의 결정요인이 경영성과와 관련 있다고 한다면 다음과 같은 측정모형으로 나타낼 수 있다. 위대한 기업은 광적인 훈련, 실증적 창의성, 지속적인 신제품 개발 등과 같은 측정변수로 구성된다고 가정하자. 또한 기업성장은 매출액, 영업이익률, 브랜드 역량 등 세 가지 측정변수로 구성되어 있다고 가정하자.

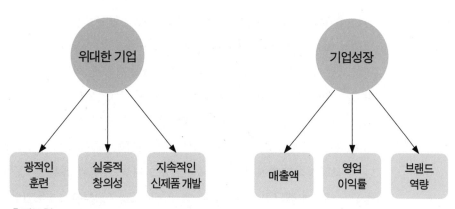

[그림 7-1] 측정모형

여기서 잠재요인과 관련된 변수를 측정변수(measurement variable) 또는 지표 (indicator)라고 부른다.

이 두 개의 잠재요인 간 측정모형을 직선(→)으로 연결해놓은 것이 이론모델 (structural equation model)이다. 이론모델은 구조모델이라고 부르기도 한다. 이는 지 구상의 우리 인간을 예로 든다면 인간도 하나의 시스템이라고 할 수 있다. 시스템 은 부분과 전체를 연결한 부분의 합이라고 할 수 있다. 인간의 각종 부위나 골격 이나 혈관으로 연결되어 있다. 이를 이론모형이라고 할 수 있다.

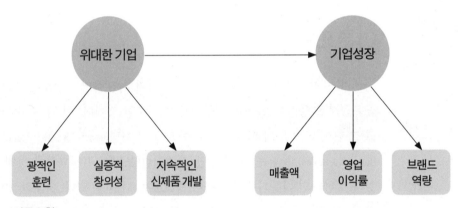

[그림 7-2]   이론모형

탄탄한 경험과 정교한 이론에 의해 위대한 기업과 기업성과 간에 연관성이 있음 을 알 수 있다. 위대한 기업은 현상의 원인(cause)이 되고 기업성장은 성과에 해당 하는 결과(effect)가 된다. 이처럼 원인과 결과를 화살표로 연결한 그림이나 방정식 모델을 이론모델(structural model)이라고 한다.

이론모델의 전체 적합성 판단은 카이제곱통계량과 적합지수를 통해서 확인한 다. χ^2, df(자유도), GFI(0.9 이상), $AGFI$(0.9 이상), TLI(0.9 이상), RMR(0.05 이하), $SRMR$(0.05 이하), $RMSEA$(0.05 이하) 등을 주로 이용한다.

이어, 경로 간의 유의성 평가는 회귀분석에서는 t통계량이나 z통계량을 사용한 다. 구조방정식모델에서는 σ^2(모분산)을 안다는 가정과 표본의 크기가 충분히 큰 경우($n>30$)에 해당하므로 t분포 대신 z분포를 사용한다. z통계량은 t통계량의 확장이라고 생각하면 된다. z통계량이 ±1.96보다 작으면($p>\alpha$ =0.05) 연구가설 을 기각하고, ±1.96보다 크면($p<\alpha$ =0.05) 연구가설을 채택하게 된다.

R을 이용한 이론모델 분석

연구자가 커피 전문점의 가격(price), 서비스(service), 분위기(atm), 고객만족(cs), 고객충성도(cl) 요인 간 인과연구를 위해 설정한 연구모형과 연구가설을 나타내면 다음과 같다.

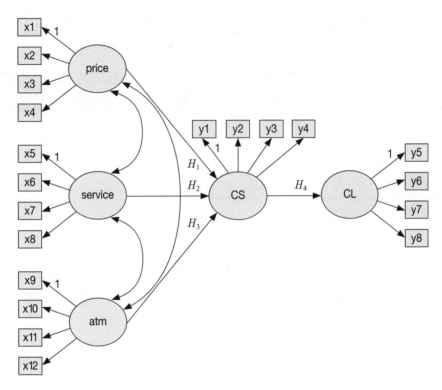

연구가설 1(H_1): 가격(price)은 고객만족(cs)에 유의한 영향을 미칠 것이다.

연구가설 2(H_2): 서비스(service)는 고객만족(cs)에 유의한 영향을 미칠 것이다.

연구가설 3(H_3): 분위기(atm)는 고객만족(cs)에 유의한 영향을 미칠 것이다.

연구가설 4(H_4): 고객만족(cs)은 고객충성도(cl)에 유의한 영향을 미칠 것이다.

[그림 7-3]   연구모형과 연구가설

이론모형 분석을 실시하기 위해서 를 실행한 뒤 다음과 같이 명령어를 입력한다.

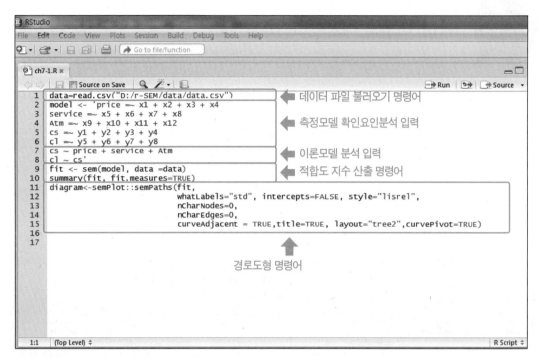

[그림 7-4] 이론모형 분석 입력식   [데이터] ch7-1.R

이론모형 분석을 실시하기 위해서 ⓡ 하단 창의 Packages 버튼을 눌러 다음과 같이 구조방정식모델 분석 프로그램인 ☑ lavaan과 구조방정식모델 경로도형 프로그램인 ☑ semPlot을 지정한다.

	Name	Description	Version	
☐	lattice	.attice Graphics	0.20-31	⊗
☐	latticeExtra	Extra Graphical Utilities Based on Lattice	0.6-26	⊗
☑	lavaan 프로그램 선택	Latent Variable Analysis	0.5-18	⊗
☐	lisrelToR	Import output from LISREL into R	0.1.4	⊗
☐	lme4	Linear Mixed-Effects Models using 'Eigen' and S4	1.1-8	⊗
☐	magrittr	A Forward-Pipe Operator for R	1.5	⊗
☐	markdown	'Markdown' Rendering for R	0.7.7	⊗
☐	MASS	Support Functions and Datasets for Venables and Ripley's MASS	7.3-40	⊗
☐	Matrix	Sparse and Dense Matrix Classes and Methods	1.2-1	⊗
☐	matrixcalc	Collection of functions for matrix calculations	1.0-3	⊗
☐	methods	Formal Methods and Classes	3.2.1	⊗

[그림 7-5] 구조방정식모델 분석 프로그램 선택

이어, 명령어의 모든 범위를 지정하고 [→ Run] 버튼을 눌러 프로그램을 실행시킨다.

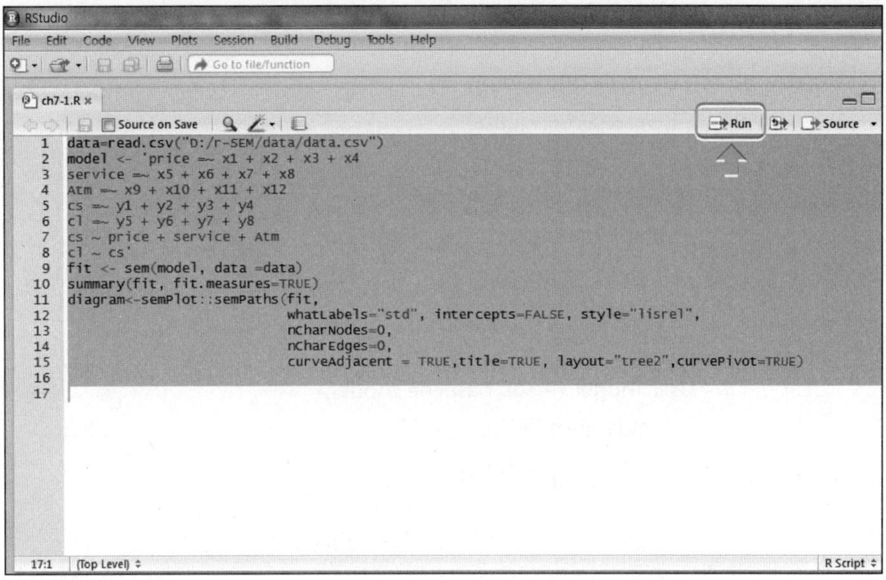

```
1  data=read.csv("D:/r-SEM/data/data.csv")
2  model <- 'price =~ x1 + x2 + x3 + x4
3  service =~ x5 + x6 + x7 + x8
4  Atm =~ x9 + x10 + x11 + x12
5  cs =~ y1 + y2 + y3 + y4
6  cl =~ y5 + y6 + y7 + y8
7  cs ~ price + service + Atm
8  cl ~ cs'
9  fit <- sem(model, data =data)
10  summary(fit, fit.measures=TRUE)
11  diagram<-semPlot::semPaths(fit,
12                        whatLabels="std", intercepts=FALSE, style="lisrel",
13                        nCharNodes=0,
14                        nCharEdges=0,
15                        curveAdjacent = TRUE,title=TRUE, layout="tree2",curvePivot=TRUE)
16
17
```

[그림 7-6] 프로그램 실행 범위 지정

그러면 다음과 같은 결과물을 얻을 수 있다.

```
lavaan (0.5-18) converged normally after  42 iterations
      Number of observations                        730
      Estimator                                      ML
      Minimum Function Test Statistic           780.061
      Degrees of freedom                            163
      P-value (Chi-square)                        0.000

Model test baseline model:
      Minimum Function Test Statistic          9378.667
      Degrees of freedom                            190
      P-value                                     0.000

User model versus baseline model:
      Comparative Fit Index (CFI)                 0.933
      Tucker-Lewis Index (TLI)                    0.922

Loglikelihood and Information Criteria:
      Loglikelihood user model (H0)          -16117.624
      Loglikelihood unrestricted model (H1)  -15727.593

      Number of free parameters                      47
      Akaike (AIC)                            32329.248
      Bayesian (BIC)                          32545.121
      Sample-size adjusted Bayesian (BIC)     32395.881

Root Mean Square Error of Approximation:
      RMSEA                                       0.072
      90 Percent Confidence Interval        0.067  0.077
      P-value RMSEA <= 0.05                       0.000

Standardized Root Mean Square Residual:
      SRMR                                        0.058

Parameter estimates:
      Information                              Expected
      Standard Errors                         Standard
```

[그림 7-7]   적합지수

구조방정식모델 분석 프로그램인 lavaan(0.5-18)으로 분석하여 42회의 회전을 통해서 수렴하는 결과를 얻었음을 알 수 있다(converged normally after 42 iterations). 관찰표본수(Number of observations)는 730명이다. 추정방식(Estimator)은 최대우도법(ML)에 의해서 계산되었음을 나타낸다. 최대우도법은 확률표본 x가 우도함수를 최대로 하는 모수(θ)를 추정하는 방법이다. 최대우도법에 의해서 산출되는 추정량은 일치성과 충분성을 갖는다.

카이제곱통계량(Minimum Function Test Statistic)은 780.061이다. 자유도(Degrees of freedom)는 163이다. 여기에 해당하는 P-value (Chi-square)는 0.000이다. 이는 "H_0: 연구모형은 모집단 자료에 적합할 것이다."라는 귀무가설을 기각하게 된다. 연구자들은 귀무가설이 기각되었다고 실망하지 말고 다른 지표들을 확인할 필요가 있다.

기본모델(Model test baseline model)의 카이제곱통계량(Minimum Function Test Statistic)은 9378.667이다. 자유도(Degrees of freedom)는 190이다. 이에 해당하는 확률(P-value)은 0.000이다.

사용자 모델과 기본모델의 기본 통계량(User model versus baseline model)을 살펴보면, Comparative Fit Index (CFI)는 0.933이다. Tucker-Lewis Index (TLI)는 0.922이다. Tucker-Lewis Index (TLI)는 일명 NNFI(Non-Normed Fit Index)이라고 한다. 로그우도와 정보 평가(Loglikelihood and Information Criteria)에서 로그우도는 정확하게는 엔트로피를 정의하는데(확률의 역수에 log를 취함), 로그우도 사용자 모델(Loglikelihood user model)의 귀무가설(H_0)은 −16117.624이다. 로그우도의 비제약모델(Loglikelihood unrestricted model)의 연구가설(H_1)은 −15727.593이다. 여기서 추정모수(Number of free parameters)는 47이다. 아카이정보지수(Akaike, AIC)는 32329.248이다. 베이지안 지수(Bayesian, BIC)는 32545.121이다. 표본크기 조정 베이지안 지수(Sample-size adjusted Bayesian. BIC)는 32395.881이다.

근사오차평균제곱의 이중근(Root Mean Square Error of Approximation: RMSEA)은 0.072이다. 근사오차평균의 이중근은 다음 식으로 나타낼 수 있다.

$$RMSEA = \sqrt{\frac{F_0}{df}}$$

······(식 7-1)

여기서, F_0=모집단 불일치 함수값, df=제안모델의 자유도를 나타냄.

근사오차평균제곱의 이중근은 근사적합(close fit)을 검증하는 데 사용한다. 근사오차평균제곱의 이중근의 90% 신뢰수준(90 Percent Confidence Interval)은 [0.067 0.077]이다. 이는 0.08 이하이기 때문에 양호한 적합도를 보인다고 판단할 수 있다. 모집단의 RMSEA가 0.05보다 작을 확률(P-value RMSEA <= 0.05)은 0.000이다. 이는 H_0: RMSEA ≤ 0.05이므로 근사적합(close fit)함을 알 수 있다.

표준화 SRMR(Standardized Root Mean Square Residual: SRMR)은 0.058이다. 이는 표본상관행렬과 모상관행렬의 차이제곱의 합에 제곱근(Root, $\sqrt{\ }$)을 취한 것을 표준화한 것이다. SRMR은 0에 가까운 경우가 적합도가 우수한 모델이라고 할 수 있다. SRMR은 0.05보다 높아 적합성이 높은 모델이라고 할 수 없다. 따라서 수정모델 전략을 강구할 필요가 있다.

제3절 R을 이용한 수정모델 전략

연구자는 연구모델을 분석하면서 연구모형의 적합도와 관련하여 전략을 잘 수립하여 분석에 적용해야 한다. 연구모델이 자료에 제대로 적합하는지를 알아보는 것을 모델 적합(model fitting) 또는 모델 검증(model testing)이라고 한다. 연구모델과 자료를 적합시켰을때 적합도가 원하는 기준 이상을 보인다면 별 문제가 없겠으나 모델 적합도가 좋지 않게 나올 경우 연구자는 연구모델을 수정하거나 기존 연구모델을 폐기해야 한다. 모델을 수정하는 일은 사후적인 성격을 갖는다. 즉, 탄탄한 이론적 배경과 수정지수를 고려하여 수정모델 전략을 고려해볼 필요가 있다.

초기에 설정한 연구모델의 적합도를 확인하는 것을 연구모델 확인전략(confirmatory strategy)이라고 부른다. 이는 초기 연구모형과 표본자료를 적합시켜보는 전략이다. 수정지수(MI: Modification Index)를 고려하여 지속적으로 대체모델을 선택하는 것을 경쟁모델전략(competing model strategy) 또는 신모델 개발전략(new model development strategy)이라고 부른다. 기존 이론과 다른 새로운 모델을 개발하기 위해서는 탄탄한 논리적 정황과 수정지수 등을 고려하여 연구자가 유연한 생각으로 접근해야 한다.

R 프로그램에서 수정지수를 이용한 모델 수정 전략을 구사할 수 있다. 수정지수

는 기본적으로 카이제곱의 통계량을 낮춰 연구모델의 적합도를 높여줄 수 있는 경로를 컴퓨터 스스로가 찾도록 하는 과정이라고 할 수 있다. R 프로그램에서 수정지수를 이용한 연구모델 수정 전략을 강구하기 위해서 기존 이론모델을 검증하는 명령어(mi <- modindices(fit) mi[mi$op == "~",])를 삽입하도록 한다. 연구자는 요인과 변수의 관련성(=~)을 고려하거나 요인과 요인 간의 가능성 있는 유의한 경로(~)를 찾아주기 위한 명령어를 입력할 수 있다. 그러나 요인과 변수의 관련성을 나타내는 '=~' 명령어를 입력하게 되면 기존 확인요인분석을 통해서 판별타당성을 검증했던 내용들을 무시하게 되는 꼴이 되기 때문에 요인과 요인의 가능성 있는 경로 정보를 알아보기 위해서 '~'를 입력하도록 한다.

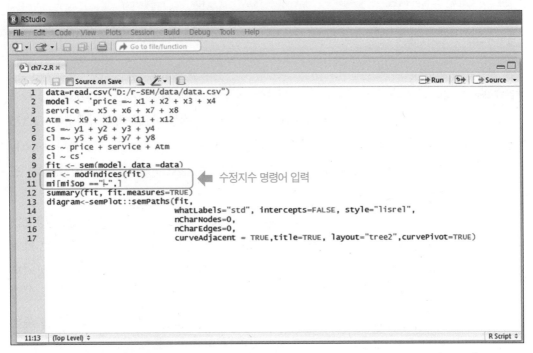

[그림 7-8] 수정지수 명령어 입력 [데이터] ch7-2.R

이어, 수정지수를 포함한 명령어를 입력한 다음 명령어의 모든 범위를 지정하고 ⇨Run 을 눌러 프로그램을 실행시킨다. 그러면 결과물 중에서 다음과 같은 결과를 찾아볼 수 있다.

```
      lhs op      rhs      mi     epc sepc.lv sepc.all sepc.nox
1      cs  ~    price   0.000   0.000   0.000    0.000    0.000
2      cs  ~  service   0.000   0.000   0.000    0.000    0.000
3      cs  ~      Atm   0.000   0.000   0.000    0.000    0.000
4      cl  ~       cs   0.000   0.000   0.000    0.000    0.000
5      cs  ~       cl 105.485  -1.375  -1.407   -1.407   -1.407
6      cl  ~    price  98.165   0.386   0.401    0.401    0.401
7      cl  ~  service  49.522   0.309   0.347    0.347    0.347
8      cl  ~      Atm  95.260   0.486   0.460    0.460    0.460
9   price  ~       cs      NA      NA      NA       NA       NA
10  price  ~       cl  26.015   0.524   0.504    0.504    0.504
11  price  ~  service      NA      NA      NA       NA       NA
12  price  ~      Atm      NA      NA      NA       NA       NA
13 service  ~      cs      NA      NA      NA       NA       NA
14 service  ~      cl   4.762  -0.272  -0.242   -0.242   -0.242
15 service  ~   price      NA      NA      NA       NA       NA
16 service  ~     Atm      NA      NA      NA       NA       NA
17    Atm  ~       cs      NA      NA      NA       NA       NA
18    Atm  ~       cl   5.861   0.261   0.276    0.276    0.276
19    Atm  ~   price      NA      NA      NA       NA       NA
20    Atm  ~ service      NA      NA      NA       NA       NA
```

← 연결 가능 경로 제시

[그림 7-9] 수정지수

결과 해석ㅣ cs~cl 간의 수정지수(mi)는 105.485이다. 즉 카이제곱값(χ^2)을 105.485만큼 줄여 주고 기대모수(epc: expected parameter change), 즉 예상 비표준화회귀계수는 −1.375 임을 알려준다. 비표준화계수가 음수(−)이므로 논리적으로 맞지 않는다. sepc.lv 는 표준화계수, sepc.all는 표준화된 모든 변수, sepc.nox는 독립요인인 경우는 표 준화계수 등을 나타낸다.

다음으로 카이제곱값(χ^2)이 많이 떨어뜨려질 수 있는 가능성이 있는 경로는 cl~price이다. 즉, 이 두 경로를 연결하면 카이제곱이 98.165만큼 줄어들고 가격 (price)과 고객충성도(cl) 간에는 0.386의 비표준화회귀계수를 가질 것임을 암시한 다고 할 수 있다.

여기서는 가격(price)이 고객충성도(cl)에 유의한 영향을 준다는 기존 연구를 확보 했다는 가정하에서 가격과 고객충성도 경로를 추가하는 방법을 실습하기로 한 다. 이를 위해서는 Rstudio에서 다음과 같이 명령어를 추가해주면 된다.

[그림 7-10] 경로추가 명령문

[데이터] ch7-3.R

이어, 명령어의 모든 범위를 지정하고 <kbd>→Run</kbd> 을 눌러 프로그램을 실행시킨다. 그러면 결과를 얻을 수 있다.

```
Number of observations                              730
Estimator                                            ML
Minimum Function Test Statistic                 680.880
Degrees of freedom                                  162
P-value (Chi-square)                              0.000

Model test baseline model:
Minimum Function Test Statistic                9378.667
Degrees of freedom                                  190
P-value                                           0.000

User model versus baseline model:
Comparative Fit Index (CFI)                       0.944
Tucker-Lewis Index (TLI)                          0.934

Loglikelihood and Information Criteria:
Loglikelihood user model (H0)                 -16068.033
Loglikelihood unrestricted model (H1)         -15727.593

Number of free parameters                            48
Akaike (AIC)                                   32232.067
Bayesian (BIC)                                 32452.533
Sample-size adjusted Bayesian (BIC)            32300.118

Root Mean Square Error of Approximation:
RMSEA                                             0.066
90 Percent Confidence Interval               0.061  0.071
P-value RMSEA <= 0.05                             0.000

Standardized Root Mean Square Residual:
SRMR                                              0.043

Parameter estimates:
Information                                    Expected
Standard Errors                                Standard
```

[그림 7-11]   모델 수정 후 적합지수

결과 해석 ▮ 모델 수정 후 적합지수가 나타나 있다. 해석 방법은 앞에서 설명하였기 때문에 여기서는 생략하기로 한다. 다만, 카이제곱차이검증($\Delta\chi^2 = (\chi_1^2 - \chi_2^2)$, $\Delta df = df_1 - df_2$)을 소개해서 수정지수 사용 전 모델과 수정지수 사용 후 모델의 차이를 검증하는 방법을 학습하기로 하자.

$$H_0: \text{두 모형(수정 전 모델, 수정 후 모델)은 차이가 없다. } P > \alpha = 0.05$$
$$H_1: \text{두 모형(수정 전 모델, 수정 후 모델)은 차이가 있다. } P < \alpha = 0.05$$

귀무가설과 연구가설 중의 하나를 채택해야 하기 때문에, ($\Delta\chi^2(780.061-680.880)$ $= 99.181, \Delta df = 1(163-162)$)의 정보를 통해서 확률($p$)을 계산할 수 있다. 엑셀 프로그램에서 함수를 이용해서 확률을 구할 수 있다($= CHIDIST(99.181,1)$). 이때 확률(p)은 0.000이다. 따라서 $p = 0.000 < \alpha = 0.05$이므로 귀무가설을 채택하고 연구가설, 즉 "두 모형은 차이가 있다."의 가설을 채택한다. 다시 말하면 가격(price)에서 고객충성도(cl)로 연결한 경로를 추가한 모델이 최적모델임을 통계적으로 증명하는 셈이다.

요인 간 경로 간의 유의성 여부를 확인하기 위해서 회귀계수(regression)를 살펴본 결과물은 다음과 같다.

```
                     Estimate  Std.err   Z-value   P(>|z|)
  Latent variables:
  Regressions:
    cs ~
      price          -0.079     0.055    -1.447     0.148
      service         0.448     0.049     9.171     0.000
      Atm             0.370     0.059     6.218     0.000
    cl ~
      price           0.355     0.036     9.944     0.000
      cs              0.652     0.045    14.423     0.000
```

[그림 7-12]   회귀계수

결과 해석   가격이 고객만족에 유의한 영향(price->cs)을 미칠 것으로 잠정적으로 생각한 연구가설의 경우, 비표준화계수(Estimate)는 -0.079. 표준오차(Std.err)는 0.055, Z-value는 -1.447임을 알 수 있다. 이에 대한 확률(p)은 $\alpha = 0.05$보다 크기 때문에 연구가설은 기각됨을 알 수 있다. 서비스가 고객만족에 유의한 영향(service ->cs)을 미칠 것으로 설정한 연구가설의 경우, 비표준화계수(Estimate)는 0.448. 표준오차(Std.err)는 0.049, Z-value는 9.171임을 알 수 있다. 이에 대한 확률(p) 0.000은 $\alpha = 0.05$보다 작기 때문에 연구가설은 채택됨을 알 수 있다. 나머지 요인별 회귀계수의 유의성 판단은 같은 방법으로 하면 된다. 이를 표로 나타내면 다음과 같다.

[표 7-1] 가설 채택 여부 판단

가설	비표준화계수	표준오차	z값	p	연구가설 채택 여부
H_1	-0.079	0.055	-1.447	0.148	기각
H_2	0.448	0.049	9.171	0.000	채택
H_3	0.37	0.059	6.218	0.000	채택
H_4	0.652	0.045	14.423	0.000	채택
H_5	0.355	0.036	9.944	0.000	신규 가설 채택

최종 연구모델을 그림으로 나타내기 위해서 Rstudio 창의 오른쪽 하단을 살펴보면 경로도형을 확인할 수 있다.

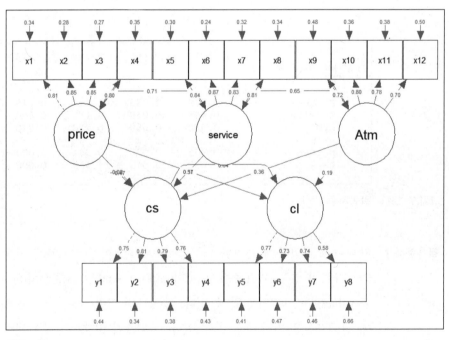

[그림 7-13] 경로도형

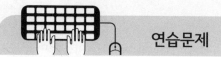

연습문제

1. 공분산행렬 자료를 이용하여 이론모델을 실시해 보기로 하자. 본 문제는 Wheaton et al.(1977)이 1966년~1971년에 932명을 조사한 종단자료이다. 여기에 사용된 변수는 Anomia67(1967년 소외점수), Anomia71(1971년 소외점수), powerless67(1967년 무기력증), powerless71(1971년 무기력증), education(1966년 학력), sei(1966년 Duncan의 사회경제적 지수)이다.

* 참고문헌: Wheaton, B., Muthén, B., Alwin, D., & Summers, G. (1977). Assessing reliability and stability in panel models. In D. R. Heise (Ed.), Sociological Methodology 1977 (pp. 84-136). San Francisco: Jossey-Bass, Inc.

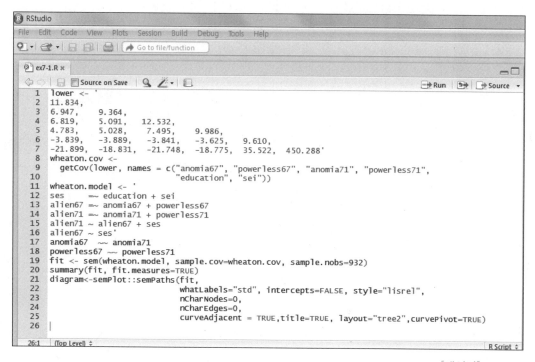

[데이터] ex7-1.R

1) 전반적인 적합지수를 언급하라.

2) 요인별 유의한 경로를 확인하고 시사점을 제시하라.

2. 앞 5장 1번 연습문제를 분석해보기 위해 데이터(exdata.csv)를 이용하여 구조방
정식모델 분석을 실시하여 보기로 하자. 다음의 연구모델과 데이터(exdata.csv)를
이용하여 구조방정식모델 분석을 한 다음 모델의 적합도 및 경로의 유의성을
언급해보자.

[연구모형]

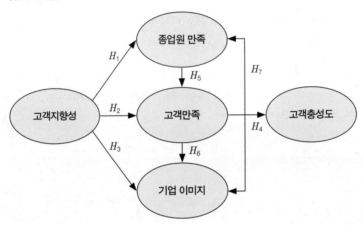

3부

고급편

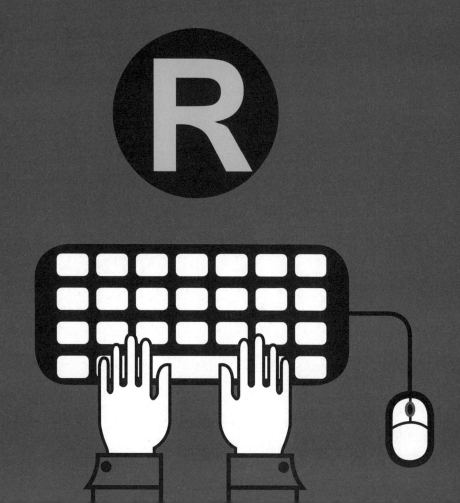

8장 집단분석

제1절 집단분석이란
제2절 R을 이용한 조절효과분석

계수's 생각

철저한 자기경영과 꾸준한 훈련만이 롱런의 비결이다.

- 집단분석의 개념을 이해한다.
- 집단분석의 종류와 차이를 이해한다.
- R 프로그램을 이용하여 집단분석을 실시할 수 있다
- 결과 해석 방법을 이해한다.

제1절 집단분석이란

1.1 교차타당성 분석

연구자는 연구모델(측정모델, 이론모델)이 특정 집단 간에 같은지 다른지에 관심을 가질 수 있다. 연구모델이 다른 집단에서도 같은 결과를 보이는지 확인하는 것을 교차타당성 분석(cross-validation analysis)이라고 명명한다. 교차타당성(cross-validation)은 성별, 문화적인 특성(인종, 민족, 종교 집단 등), 국가 등에 따라 동일한 분석결과를 보이는지 확인하는 것이다. 즉 집단마다 동일한 분석결과를 보이는 경우가 교차타당성을 보인다고 해석한다. 이처럼 교차타당성 분석은 같은 모집단 자료를 집단별로 분리하여 분석하였을 경우, 같은 특성을 보이는지 여부를 알아보기 위한 방법이다. 교차타당성은 불변성(invariance) 또는 등가성(equivalence)이라는 단어와 함께 사용할 수 있다. 불변성이라 함은 집단 간 변동 차이가 없음을 나타낸다. 등가성은 힘과 영향력의 크기가 동일한 경우를 말한다. 예를 들어, 어느 현상에 대해서 성별에 따라 같은 반응을 보일 것이라는 이론적인 배경을 바탕으로 한 연구모형을 수립하였다고 하자. 이 경우에 연구자는 성별에 따른 불변성이나 등가성을 확인하기 위해서 교차타당성 분석을 실시할 수 있다.

각 집단 간 차이를 확인하는 방법을 다중집단분석(multi-group analysis)이라고 한다. 분석자는 다양한 인구통계학적인 변수를 이용하여 집단분석을 실시할 수 있다. 교차타당성 분석은 확인요인분석(CFA: Confirmatory Factor Analysis)과 이론모델(SEM: Structural

Equation Modeling) 분석에 적용할 수 있다. 교차타당성을 분석하는 방법은 유연 교차타당성(loose cross validation)과 강한 교차타당성(strong cross validation) 방법이 있다.

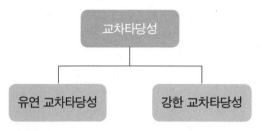

[그림 8-1]   교차타당성

연구자는 유연 교차타당성 분석을 통해서 동일 모집단에서 사전에 분리된 집단 자료, 또는 군집분석 이후에 생성된 군집자료로 구조방정식모델 분석을 실시할 수 있다. 유연 교차타당성은 특별한 제약(constraint)을 하지 않고 집단차이를 분석하는 것이 주된 특징이다. 강한 교차타당성 분석은 각 과정마다 제약 정도를 달리하는 방법이다. 분석자는 제약 정도에 따른 χ^2의 변화량을 확인하여 의사 결정을 하면 된다. 즉, 강한 교차타당성은 집단 간 경로의 계수가 동일하다는 제약의 강도를 높여 가면서 집단 간 차이를 분석하는 방법이다. 다중집단(multi-group) 비교는 다음 순서로 진행하면 된다.

- 단계 1: 각 집단마다 모델의 적합도와 경로계수를 확인한다.
- 단계 2: 집단별 비제약모델에서 적합도와 경로계수를 계산한다.
- 단계 3: 집단 간 모수가 같다는 제약을 한다.
- 단계 4: $\Delta \chi^2$, Δdf 비교를 통해서 교차타당성 여부를 확인한다.

이 경우에는 $\Delta \chi^2$와 Δdf로 계산되는 유의확률을 확인한다. 이어 귀무가설 채택 여부를 결정한다. $\Delta \chi^2$ 통계량은 추가 제약이 적합도를 감소시키는지 여부를 판단하는 통계량이다. 분석자는 다음과 같은 귀무가설 채택 여부를 결정하면 된다.

H_0: 집단 간 교차타당성이 있을 것이다. 또는 추가적인 제약은 적합도를 악화시키지 않을 것이다. $p > \alpha = 0.05$

H_1: 집단 간 교차타당성은 없을 것이다. 또는 추가적인 제약은 적합도를 악화시킬 것이다. $p < \alpha = 0.05$

교차타당성 분석은 집단 간 차이를 분석한다는 측면에서 다음에서 설명할 조절효과분석과 유사하다고 할 수 있다.

1.2 조절효과분석

변수나 요인 사이의 관계를 체계적으로 변화시키는 제3의 변수나 요인을 조절효과(moderating effect)라고 정의할 수 있다. 조절변수는 종속변수를 설명하는 데 사용된 독립변수인 설명변수(explanatory variables)라고 부를 수 있다.

만약에 커피 전문점 품질 관련 연구에서 "성별이 세 가지 품질차원(가격, 서비스, 분위기), 고객만족과 고객충성도 간의 영향 관계를 조절한다."라는 연구가설이 있다고 가정하자. 그러면 다음과 같은 그림으로 나타낼 수 있다.

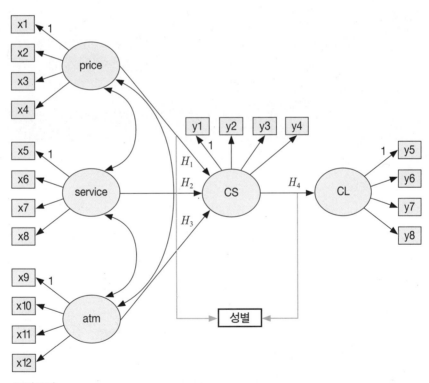

[그림 8-2] 조절효과

제2절 R을 이용한 조절효과분석

2.1 유연 교차타당성 검정

조절효과를 실시하기 위해서 를 실행한 뒤 다음과 같이 명령어를 입력한다. 여기서는 집단(group)변수가 성별(sex)이므로 group="sex"라는 명령어를 입력하도록 한다.

```
 1  data=read.csv("D:/r-SEM/data/data.csv")
 2  model <- 'price =~ x1 + x2 + x3 + x4
 3  service =~ x5 + x6 + x7 + x8
 4  Atm =~ x9 + x10 + x11 + x12
 5  cs =~ y1 + y2 + y3 + y4
 6  cl =~ y5 + y6 + y7 + y8
 7  cs ~ price + service + Atm
 8  cl ~ price + cs'
 9  fit <- sem(model, data =data, group="sex")      ⇐ 집단분석 명령어
10  summary(fit, fit.measures=TRUE)
11  diagram<-semPlot::semPaths(fit,
12                            whatLabels="std", intercepts=FALSE, style="lisrel",
13                            nCharNodes=0,
14                            nCharEdges=0,
15                            curveAdjacent = TRUE,title=TRUE, layout="tree2",curvePivot=TRUE)
```

[그림 8-3]   집단분석 명령어   [데이터] ch8-1.R

명령어의 모든 범위를 지정한다. 이어 **Packages** 선택창에서 ☑ lavaan 과 ☑ semPlot 프로그램을 지정한다. 이어 ⇨Run 을 눌러 프로그램을 실행시킨다. 그러면 결과물 중에서 다음과 같은 결과를 확인할 수 있다.

```
lavaan (0.5-18) converged normally after  55 iterations

  Number of observations per group
  1                                                  360
  2                                                  370

  Estimator                                           ML
  Minimum Function Test Statistic                 888.061
  Degrees of freedom                                  324
  P-value (Chi-square)                              0.000
```

[그림 8-4] 결과물 1

결과 해석 ✓ 'lavaan (0.5-18) converged normally after 55 iterations'에서 55회의 회전 이후 최적해를 구했음을 알 수 있다. Number of observations per group에서 1집단(남자)의 표본은 360, 2집단(여자)의 표본은 370임을 알 수 있다. 추정방식(Estimator)은 최대우도법(ML)에 의해서 계산되었음을 나타낸다. 최대우도법은 확률표본 x가 우도함수를 최대로 하는 모수(θ)를 추정하는 방법이다. 최대우도법에 의해서 산출되는 추정량은 일치성과 충분성을 갖는다.

카이제곱통계량(Minimum Function Test Statistic)은 888.061이다. 다중집단 자유도(Degrees of freedom)는 324이다. 다중집단 자유도는 다음과 같은 식에 의해서 계산된다.

$$df = \frac{1}{2}G \cdot s - t \qquad\qquad \cdots(\text{식 } 8\text{-}1)$$

$$df = \frac{1}{2} \cdot 2 \cdot (20 \cdot 21) - 40 = 324$$

여기서, G = 집단수, s(두 집단 정보의 수) = $K \cdot (K+1)$, t=추정모수를 말함.

여기에 해당하는 P-value(Chi-square)는 0.000이다. 이는 "H_0: 연구모형은 모집단 자료에 적합할 것이다."라는 귀무가설을 기각하게 된다. 연구자들은 귀무가설이 기각되었다고 실망하지 말고 다른 지표들을 확인할 필요가 있다.

```
User model versus baseline model:

   Comparative Fit Index (CFI)                          0.937
   Tucker-Lewis Index (TLI)                             0.926

Loglikelihood and Information Criteria:

   Loglikelihood user model (H0)                   -15968.798
   Loglikelihood unrestricted model (H1)           -15524.767

   Number of free parameters                              136
   Akaike (AIC)                                     32209.596
   Bayesian (BIC)                                   32834.250
   Sample-size adjusted Bayesian (BIC)              32402.407

Root Mean Square Error of Approximation:

   RMSEA                                                0.069
   90 Percent Confidence Interval          0.064        0.075
   P-value RMSEA <= 0.05                                0.000

Standardized Root Mean Square Residual:

   SRMR                                                 0.047

Parameter estimates:

   Information                                      Expected
   Standard Errors                                  Standard
```

[그림 8-5]   결과물 2

결과 해석 ▌ 두 집단 사용자 모델과 기본모델의 기본 통계량(User model versus baseline model:)을
살펴보면, Comparative Fit Index (CFI)는 0.937이다. Tucker-Lewis Index (TLI)는
0.926이다. Tucker-Lewis Index (TLI)는 일명 NNFI(Non-Normed Fit Index)라고 한
다. 로그우도와 정보 평가(Loglikelihood and Information Criteria)에서 로그우도는 정
확하게는 엔트로피로 정의하는데(확률의 역수에 log를 취함), 로그우도 사용자 모델
(Loglikelihood user model)의 귀무가설(H_0)은 -15968.798이다. 로그우도의 비제약
모델(Loglikelihood unrestricted model)의 연구가설(H_1)은 -15524.767이다. 여기서 추
정모수(Number of free parameters)는 -15524.767이다. 아카이정보지수(Akaike, AIC)
는 32209.596이다. 베이지안 지수(Bayesian, BIC)는 32834.250이다. 표본크기 조정
베이지안 지수(Sample-size adjusted Bayesian, BIC)는 32402.407이다.

근사오차평균제곱의 이중근(Root Mean Square Error of Approximation, RMSEA)은 0.069이다. 근사오차평균의 이중근은 다음 식으로 나타낼 수 있다.

$$RMSEA = \sqrt{\dfrac{F_0}{df}}$$

   ······(식 8-2)

여기서, F_0 = 모집단 불일치 함수값, df = 제안모델의 자유도를 나타냄.

근사오차평균제곱의 이중근은 근사적합(close fit)을 검증하는 데 사용한다. 근사 오차평균제곱의 이중근의 90% 신뢰수준(90 Percent Confidence Interval)은 [0.064 0.075]이다. 이는 0.08 이하이기 때문에 양호한 적합도를 보인다고 판단할 수 있 다. 모집단의 RMSEA가 0.05보다 작을 확률(P-value RMSEA <= 0.05)은 0.000이 다. 이는 H_0: RMSEA ≤ 0.05이므로 근사적합(close fit)함을 알 수 있다.

표준화 SRMR(Standardized Root Mean Square Residual: SRMR)은 0.047이다. 이는 표 본상관행렬과 모상관행렬의 차이제곱의 합에 제곱근(Root, √)을 취한 것을 표준 화한 것이다. RMSR은 0에 가까운 경우가 적합도가 우수한 모델이라고 할 수 있 다. SRMR은 0.05보다 낮아 적합성이 높은 모델이라고 할 수 있다.

정리하면, 앞에서 살펴본 CFI, TLI, RMSEA, SRMR의 값이 양호하기 때문에 전 체적으로 두 집단 간의 교차타당성은 있는 것으로 나타났다. 즉, 연구모형에서 두 집단 간의 경로계수 차이는 없는 것으로 나타났다.

```
Group 1 [1]:

                  Estimate  Std.err  Z-value  P(>|z|)
Latent variables:
  price =~
    x1            1.000
    x2            1.004     0.058    17.405    0.000
    x3            1.136     0.063    18.030    0.000
    x4            1.041     0.064    16.245    0.000
  service =~
    x5            1.000
    x6            0.973     0.056    17.478    0.000
    x7            1.015     0.059    17.113    0.000
    x8            1.003     0.064    15.695    0.000
  Atm =~
    x9            1.000
    x10           1.159     0.100    11.628    0.000
    x11           1.190     0.101    11.774    0.000
    x12           1.114     0.101    10.991    0.000
  cs =~
    y1            1.000
    y2            1.130     0.089    12.700    0.000
    y3            1.276     0.101    12.615    0.000
    y4            1.232     0.099    12.495    0.000
  cl =~
    y5            1.000
    y6            0.947     0.096     9.914    0.000
    y7            0.889     0.086    10.316    0.000
    y8            0.902     0.103     8.720    0.000

Regressions:
  cs ~
    price        -0.219     0.073    -2.986    0.003
    service       0.500     0.071     7.047    0.000
    Atm           0.313     0.080     3.901    0.000
  cl ~
    price         0.338     0.045     7.490    0.000
    cs            0.664     0.069     9.554    0.000
```

[그림 8-6]   결과물 3

결과 해석 1집단(남성)의 잠재요인과 관련된 측정변수들의 비표준화계수가 나타나 있다. 남자 집단에 대한 회귀식(Regression)이 나타나 있다. 해석 방법은 회귀식의 해석 방법과 동일하다.

```
Group 2 [2]:

                    Estimate  Std.err  Z-value  P(>|z|)
Latent variables:
  price =~
    x1              1.000
    x2              1.056     0.056    18.819   0.000
    x3              1.152     0.061    19.045   0.000
    x4              1.092     0.062    17.677   0.000
  service =~
    x5              1.000
    x6              1.029     0.047    22.051   0.000
    x7              1.000     0.051    19.672   0.000
    x8              1.023     0.051    20.086   0.000
  Atm =~
    x9              1.000
    x10             1.054     0.068    15.529   0.000
    x11             1.016     0.067    15.225   0.000
    x12             0.937     0.070    13.354   0.000
  cs =~
    y1              1.000
    y2              1.060     0.061    17.385   0.000
    y3              1.088     0.067    16.206   0.000
    y4              0.998     0.066    15.052   0.000
  cl =~
    y5              1.000
    y6              0.947     0.056    16.960   0.000
    y7              0.915     0.057    16.116   0.000
    y8              0.818     0.062    13.201   0.000

Regressions:
  cs ~
    price           0.075     0.081    0.929    0.353
    service         0.343     0.070    4.915    0.000
    Atm             0.439     0.091    4.842    0.000
  cl ~
    price           0.316     0.059    5.339    0.000
    cs              0.665     0.067    9.955    0.000
```

[그림 8-7]   결과물 4

결과 해석 ▌ 2집단(여성)의 잠재요인과 관련된 측정변수들의 비표준화계수가 나타나 있다. 여자 집단에 대한 회귀식(Regression)이 나타나 있다. 남자 집단과 달리 여자 집단에서는 가격이 고객만족에 유의한 영향을 미치지 않는 것으로 나타났다 ($p=0.353>\alpha=0.05$).

이어 집단 간 경로도형을 살펴보기 위해서, 오른쪽 하단 그림을 확인할 수 있다. 1이라는 숫자는 남자 집단의 경로도형을 나타낸다.

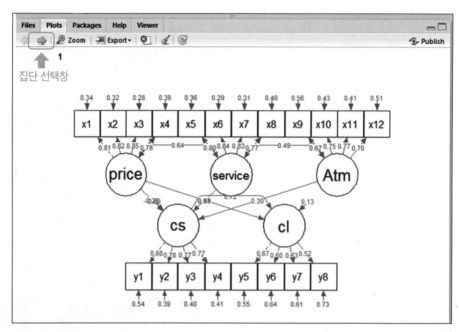

[그림 8-8]   집단 1의 경로도형

이어 위 그림에서 집단선택창(➡)을 누르면 다음과 같이 수치 2(여자)로 바뀌면서 다음과 같은 화면이 나타난다.

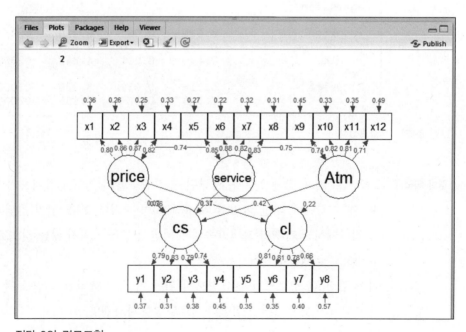

[그림 8-9]   집단 2의 경로도형

2.2 강한 교차타당성 검정

이제 두 집단 간 모수치를 동일하게 하여 교차타당성을 확인하는 방법에 대하여 알아보자. 먼저 다음과 같은 집단 간 모수고정 명령어를 삽입한다.

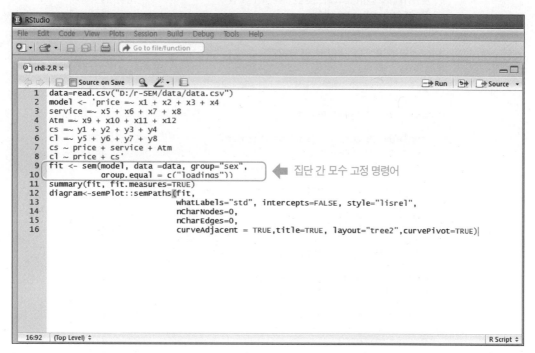

[그림 8-10] 집단 간 모수 고정 명령어   [데이터] ch8-2.R

집단분석을 실시하기 위해서 🅡 하단 창의 **Packages** 버튼을 눌러 다음과 같이 구조방정식모델 분석 프로그램인 ☑ **lavaan**과 구조방정식모델 경로도형 프로그램인 ☑ **semPlot**을 지정한다. 이어, 명령어의 모든 범위를 지정하고 **➡Run**을 눌러 프로그램을 실행시킨다. 그러면 다음과 같은 결과를 얻을 수 있다.

```
lavaan (0.5-18) converged normally after  46 iterations

   Number of observations per group
   1                                                  360
   2                                                  370

   Estimator                                           ML
   Minimum Function Test Statistic                897.532
   Degrees of freedom                                 339
   P-value (Chi-square)                             0.000

Chi-square for each group:

   1                                              448.104
   2                                              449.428

Model test baseline model:

   Minimum Function Test Statistic               9361.106
   Degrees of freedom                                 380
   P-value                                          0.000

User model versus baseline model:

   Comparative Fit Index (CFI)                      0.938
   Tucker-Lewis Index (TLI)                         0.930

Loglikelihood and Information Criteria:

   Loglikelihood user model (H0)                -15973.534
   Loglikelihood unrestricted model (H1)        -15524.767

   Number of free parameters                          121
   Akaike (AIC)                                 32189.067
   Bayesian (BIC)                               32744.826
   Sample-size adjusted Bayesian (BIC)          32360.612

Root Mean Square Error of Approximation:

   RMSEA                                            0.067
   90 Percent Confidence Interval        0.062      0.073
   P-value RMSEA <= 0.05                            0.000

Standardized Root Mean Square Residual:

   SRMR                                             0.049
```

[그림 8-11] 적합지수

결과 해석 두 집단 간의 적합지수가 자세히 제시되어 있다. 해석 방법은 지금까지 해온 방법을 따르면 된다. 앞에서 살펴본 CFI, TLI, RMSEA, SRMR의 값이 양호하기 때문에 전체적으로 두 집단 간의 교차타당성은 있는 것으로 나타났다. 즉, 연구모형에서 두 집단 간의 경로계수 차이는 없는 것으로 나타났다.

```
Group 1 [1]:

                        Estimate  Std.err  Z-value  P(>|z|)
Latent variables:
  price =~
    x1                    1.000
    x2        (.p2.)      1.032    0.040    25.694   0.000
    x3        (.p3.)      1.144    0.044    26.253   0.000
    x4        (.p4.)      1.068    0.044    24.049   0.000
  service =~
    x5                    1.000
    x6        (.p6.)      1.006    0.036    28.105   0.000
    x7        (.p7.)      1.009    0.039    26.152   0.000
    x8        (.p8.)      1.015    0.040    25.480   0.000
  Atm =~
    x9                    1.000
    x10       (.10.)      1.096    0.057    19.398   0.000
    x11       (.11.)      1.076    0.056    19.209   0.000
    x12       (.12.)      0.999    0.058    17.286   0.000
  cs =~
    y1                    1.000
    y2        (.14.)      1.084    0.051    21.417   0.000
    y3        (.15.)      1.159    0.056    20.622   0.000
    y4        (.16.)      1.091    0.055    19.804   0.000
  cl =~
    y5                    1.000
    y6        (.18.)      0.947    0.048    19.705   0.000
    y7        (.19.)      0.907    0.047    19.175   0.000
    y8        (.20.)      0.836    0.053    15.767   0.000

Regressions:
  cs ~
    price                -0.239    0.079    -3.006   0.003
    service               0.538    0.071     7.625   0.000
    Atm                   0.317    0.079     4.041   0.000
  cl ~
    price                 0.351    0.043     8.166   0.000
    cs                    0.615    0.052    11.914   0.000

Covariances:
  price ~~
    service               0.337    0.038     8.948   0.000
    Atm                   0.269    0.033     8.053   0.000
  service ~~
    Atm                   0.233    0.033     6.980   0.000
```

[그림 8-12]   집단 1의 통계치

결과 해석 ┃ 1집단(남성)의 잠재요인과 관련된 측정변수들의 비표준화계수가 나타나 있다. 남자 집단에 대한 회귀식(Regression)이 나타나 있다. 해석 방법은 회귀식의 해석 방법과 동일하다.

```
Group 2 [2]:

                      Estimate  Std.err  Z-value   P(>|z|)
Latent variables:
  price =~
    x1                 1.000
    x2        (.p2.)   1.032    0.040    25.694    0.000
    x3        (.p3.)   1.144    0.044    26.253    0.000
    x4        (.p4.)   1.068    0.044    24.049    0.000
  service =~
    x5                 1.000
    x6        (.p6.)   1.006    0.036    28.105    0.000
    x7        (.p7.)   1.009    0.039    26.152    0.000
    x8        (.p8.)   1.015    0.040    25.480    0.000
  Atm =~
    x9                 1.000
    x10       (.10.)   1.096    0.057    19.398    0.000
    x11       (.11.)   1.076    0.056    19.209    0.000
    x12       (.12.)   0.999    0.058    17.286    0.000
  cs =~
    y1                 1.000
    y2        (.14.)   1.084    0.051    21.417    0.000
    y3        (.15.)   1.159    0.056    20.622    0.000
    y4        (.16.)   1.091    0.055    19.804    0.000
  cl =~
    y5                 1.000
    y6        (.18.)   0.947    0.048    19.705    0.000
    y7        (.19.)   0.907    0.047    19.175    0.000
    y8        (.20.)   0.836    0.053    15.767    0.000

Regressions:
  cs ~
    price              0.076    0.076    1.006     0.314
    service            0.330    0.066    5.003     0.000
    Atm                0.432    0.089    4.875     0.000
  cl ~
    price              0.310    0.058    5.379     0.000
    cs                 0.693    0.067    10.334    0.000

Covariances:
  price ~~
    service            0.499    0.049    10.084    0.000
    Atm                0.445    0.046    9.731     0.000
  service ~~
    Atm                0.464    0.048    9.654     0.000
```

[그림 8-13] 집단 2의 통계치

결과 해석 2집단(여성)의 잠재요인과 관련된 측정변수들의 비표준화계수가 나타나 있다. 여자 집단에 대한 회귀식(Regression)이 나타나 있다. 남자 집단과 달리 여자 집단에서는 가격이 고객만족에 유의한 영향을 미치지 않는 것으로 나타났다 ($p=0.314 > \alpha = 0.05$).

보다 많은 집단 간 동일성 제약(group equality constraints)를 추가할 수 있다. 각 명령문 키워드는 다음과 같다.

```
fit <- sem(model, data =data, group="sex",
        group.equal = c("loadings"))
```

[그림 8-14] 집단 간 고정 명령어

앞의 명령어 group.equal = c("loadings")에 다음 해당 사항을 삽입하면 된다.

[표 8-1] 집단 간 고정 명령어

명령어	설명
intercepts	관찰변수의 상수 고정
means	잠재변수의 상수와 평균 고정
residuals	관찰변수의 오차항 고정
residuals.covariances	관찰변수의 오차항 공분산 고정
lv.variances	잠재변수의 구조오차항 고정
lv.covariances	잠재변수의 구조오차항 공분산 고정
regressions	모형에서 모든 회귀계수 고정

또는 모든 관계를 고정하고 일부 경로를 자유화시킬 수도 있다. 예를 들면 다음과 같다.

```
fit <- sem(model, data =data, group="sex",
        group.equal = c("loadings", "intercepts")),
        group.partial = c("price=~x2", "x4~1"))
```

만약 연구자가 제약의 강도를 순차적으로 높여주는 방법, 즉 측정 동일성(measurment invariance)의 방법에 관심을 갖고 있다면 semTools 패키지를 설치하고 아래와 같은 명령어를 입력하면 된다.

```
library(semTools)
measurementInvariance(sem.model,data =data, group="sex")
```

```
data=read.csv("D:/r-SEM/data/data.csv")
model <- 'price =~ x1 + x2 + x3 + x4
service =~ x5 + x6 + x7 + x8
Atm =~ x9 + x10 + x11 + x12
cs =~ y1 + y2 + y3 + y4
cl =~ y5 + y6 + y7 + y8
cs ~ price + service + Atm
cl ~ price + cs'
fit <- sem(model, data =data, group="sex",
        group.equal = c("loadings"))
summary(fit, fit.measures=TRUE)
diagram<-semPlot::semPaths(fit,
                    whatLabels="std", intercepts=FALSE, style="lisrel",
                    nCharNodes=0,
                    nCharEdges=0,
                    curveAdjacent = TRUE,title=TRUE, layout="tree2",curvePivot=TRUE)
```

연습문제

1. 앞 8장 연습문제 2에서 다룬 내용을 토대로 '성별'에 따른 집단 간 분석을 실시해보자.

9장 **매개효과분석**

계수's 생각

논문 한 편 작성에 안주하지 말고
더욱 철저하게 미래를 준비하자.

- 매개효과의 개념을 이해한다.
- 총효과(직접효과, 간접효과)의 개념을 이해한다.
- 간접효과의 유의성 판단 방법을 이해한다.
- R 프로그램을 실행해보고 간접효과의 유의성 판단 방법과 해석 방법을 이해한다.

제1절 매개효과의 개념

매개효과(moderating effect)는 독립변수(또는 개념)와 종속변수(또는 개념) 관계를 설명하는 데 투입되는 변수(또는 개념)를 말한다. 다시 말하면 매개효과는 두 관련 변수 사이에 개입하는 제3의 변수나 개념(요인)의 효과를 말한다. 연구자가 현상을 설명할 때, 독립변수에서 종속변수로 직접적인 연결 관계를 나타낼 수 있다. 그러나 사회현상을 인과적으로 보면, 독립변수가 원인이 되어 매개변수를 거쳐 종속적인 결과가 발생하는 경우가 대부분이다. 매개효과에 대한 연구가설은 이론적으로 충분한 지지가 있어야 한다. 매개효과는 독립변수의 영향과 관련 있는 변수를 선택하게 된다. 이론상으로 하나의 변수가 독립요인과 종속요인에서 하는 역할에 따라 간접효과(interaction effect), 부분매개효과(partial interaction effect), 완전매개효과(full mediation effect) 등으로 분류할 수 있다. 이를 그림으로 나타내면 다음과 같다.

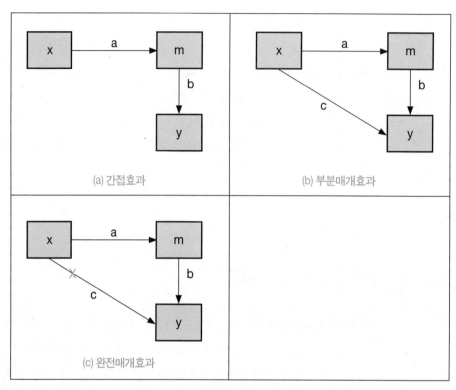

[그림 9-1]   매개효과의 종류

그림 (a)는 x에서 y로 향하는 직접적인 선이 연결되지 않아 변수 x와 y 사이에서 m변수가 매개변수(intervening variable)역할을 하는 것을 나타낸다. x와 y 사이의 관계를 직접적으로 설명할 수 없어 중간에 매개변수를 개입시킨다. m은 간접효과가 있음을 알 수 있다. 생산운영에서 자원의 투입(input)이 있어야만 변환(transformation)이 있고 성과(output)가 발생하는 이치이다.

그림 (b)는 부분매개효과를 쉽게 설명한 것이다. x변수와 y변수 사이에는 직접효과(c)가 있고 유의한 간접효과(ab)가 있는 경우이다. 즉, 직접효과의 통계적 유의도가 낮으나 유의한 간접효과가 있는 경우를 m변수는 부분매개작용을 한다고 한다.

그림 (c)는 완전매개효과를 나타낸 것이다. x변수와 y변수 사이에는 직접효과(c)가 유의하지 않고 간접효과(ab)만 통계적으로 유의한 경우를 말한다. 즉, 직접효과는 통계적으로 유의하지 않고 간접효과만 유의한 경우이다. 여기서 m변수는 완전매개작용을 한다고 해석한다.

인과모형에서 직접효과와 간접효과의 합을 총효과라고 부른다. 직접효과와 간접효과에 대한 세부 내용은 다음과 같다.

1.1 직접효과

경로분석에서는 총효과(간접효과, 직접효과)에 대한 언급이 중요하다. 경로분석에서 총효과는 직접효과와 간접효과의 합을 말한다. 직접효과(direct effect)는 독립변수가 종속변수의 증감에 영향을 미치는 경우를 의미한다. 다음 그림에서 직접효과는 a, b, c이다.

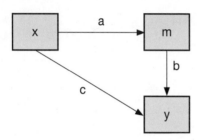

[그림 9-2]   직접효과

1.2 간접효과

간접효과(indirect effect)는 독립변수의 효과가 하나 이상의 매개변수, 매개요인(mediator variable, mediator factor)에 매개되어 종속변수나 종속요인에 영향을 미치는 경우를 말한다. 연구모형에서 두 개 이상의 직접 경로가 혼합되어 있는 경우를 말한다. 앞 그림에서 x→y 간의 총효과는 x→y 간의 직접효과(direct effect)와 x→m→y 사이의 간접효과(indirect effect)로 구성됨을 알 수 있다.

여기서 a와 b의 곱($a \times b$)이 간접효과의 크기다. 총효과는 직접효과와 간접효과의 합이다.

총효과는 다음과 같다.

직접효과: c
　　　+
간접효과: $a \times b$　　　　　　　　　　　　　　　　　……(식 9-1)

총효과: $c + (a \times b)$

간접효과 관련 가설검정은 다음과 같이 설정할 수 있다.

H_0: 간접효과는 유의하지 않다.

H_1: 간접효과는 유의하다.

1.3 Sobel 검정

독립변수(요인)가 매개(변수)요인을 통해 종속변수(요인)에 미치는 효과, 즉 간접효과($a×b$)의 통계적 유의성은 간접효과를 간접효과의 표준오차(S_{ab})의 비율, 즉 일종의 검증통계치 Z가 정규분포를 따른다고 기본 가정을 하고 검증한다. 이것을 일명 '소벨 테스트(Sobel test)'라고 한다.

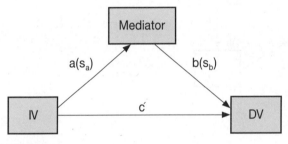

[그림 9-3]   매개변수

여기서, IV는 독립변수, DV는 종속변수, Mediator는 매개변수, a, b, c는 비표준화계수, S_a, S_b는 표준오차를 나타낸다.

분석자는 Sobel 통계량을 구해서 다음과 같은 방법에 의해서 매개효과를 검정한다.

$$Z\text{통계량} = \frac{a×b}{\sqrt{(b_2 × S_a^2) + (a_2 × S_b^2)}}$$ ······(식 9-2)

첫째, 점추정을 이용할 때는 |Z|가 ±1.96보다 크면 간접효과는 유의수준 5%에서 통계적으로 유의한 것이다($p < \alpha = 0.05$). 분석자는 http://quantpsy.org/sobel/sobel.htm을 방문하여 쉽게 간접효과의 유의확률을 계산할 수 있다. 분석자는 아래 Input란에 해당 자료를 입력하고 [Calculate] 버튼을 누르면 된다. 그러면 자동적으로 p-value를 구할 수 있다.

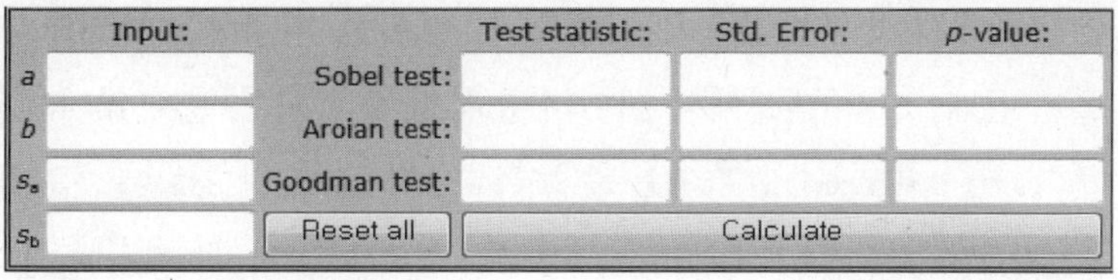

[그림 9-4]　Sobel검정 p-value 계산하기

둘째, 신뢰구간을 이용하는 구간추정을 이용할 수도 있다. 신뢰구간을 구하는 식, $a \times b \pm 1.96 \cdot S_{ab}$를 이용하여 구하였을 경우, 그 신뢰구간 안에 0이 들어가 있지 않으면 간접효과는 유의수준 5%에서 통계적으로 유의한 것이다.

제2절　R을 이용한 간접효과 검정

2.1 경로분석

엑셀창에서 다음과 같은 데이터를 입력한다. X는 동기부여, M는 성적, Y=성취감을 나타낸다.

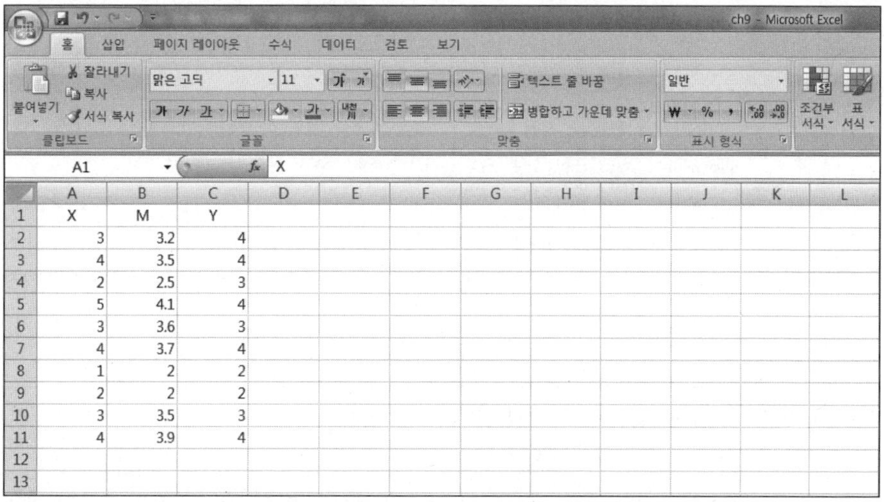

[그림 9-5]　엑셀창 데이터 입력　　　　　　　　　　　　　　　[데이터] ch9.csv

엑셀창에서 상관분석을 실시해보자. 범위를 지정하고 **데이터 → 데이터 분석**을 누른다. 만약 엑셀에서 데이터 분석이 설치되어 있지 않다면 버튼을 누른다. Excel 옵션(I), **추가 기능**을 누른다. 다음으로 이동(G)... 을 클릭하고 나서 **☑ 분석 도구** 를 누른다. 그러면 데이터 모듈에 데이터 분석 창이 나온다. 상관분석을 실시하면 다음과 같은 결과를 얻게 된다.

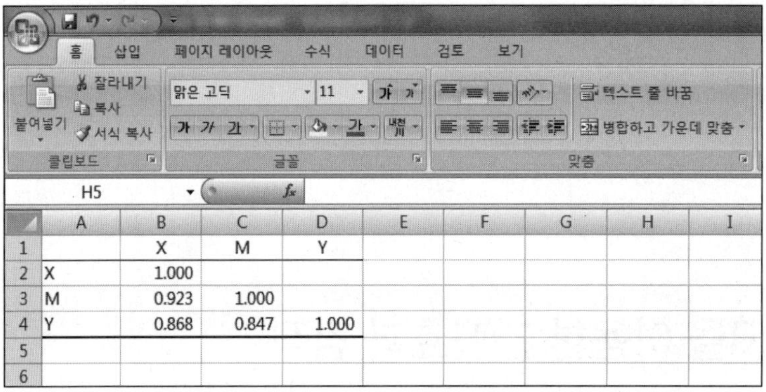

	A	B	C	D	E	F	G	H	I
1		X	M	Y					
2	X	1.000							
3	M	0.923	1.000						
4	Y	0.868	0.847	1.000					
5									
6									

[그림 9-6] 상관계수

이어, 에서 다음과 같은 명령어를 입력한다.

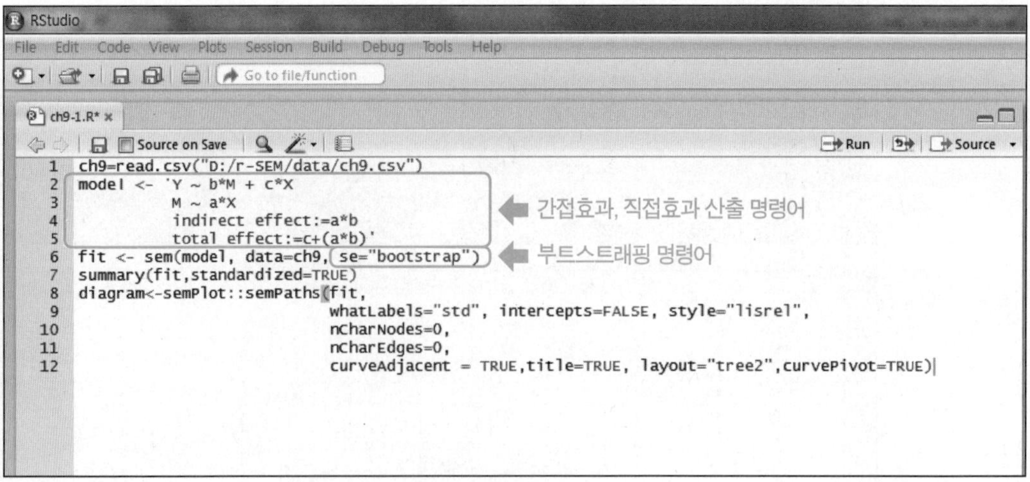

```
1  ch9=read.csv("D:/r-SEM/data/ch9.csv")
2  model <- 'Y ~ b*M + c*X
3          M ~ a*X
4          indirect effect:=a*b          ◀ 간접효과, 직접효과 산출 명령어
5          total effect:=c+(a*b)'
6  fit <- sem(model, data=ch9, se="bootstrap")  ◀ 부트스트래핑 명령어
7  summary(fit,standardized=TRUE)
8  diagram<-semPlot::semPaths(fit,
9                    whatLabels="std", intercepts=FALSE, style="lisrel",
10                   ncharNodes=0,
11                   ncharEdges=0,
12                   curveAdjacent = TRUE,title=TRUE, layout="tree2",curvePivot=TRUE)
```

[그림 9-7] 총효과(직접효과, 간접효과) 명령문 입력   [데이터] ch9-1.R

이어, 명령어의 모든 범위를 지정한다. 오른쪽 하단 **Packages** 에서 lavaan, semPlot 프로그램을 지정하고 **Run** 버튼을 누른다. 그러면 다음과 같은 결

과물을 얻을 수 있다. 참고로 부트스트래핑 운영으로 약 30초~1분 정도의 시간이 필요하니 초조해 할 필요가 없다. 부트스트래핑(bootstrapping)은 추정치 오차분산, 신뢰구간, 가설검정 등을 검정하는 방법이다. 부트스트래핑은 알려져 있지 않은 추정치로 모집단의 추정치를 추론하는 방법이다.

```
lavaan (0.5-18) converged normally after  20 iterations

    Number of observations                        10

    Estimator                                     ML
    Minimum Function Test Statistic            0.000
    Degrees of freedom                             0

Parameter estimates:

    Information                             Observed
    Standard Errors                        Bootstrap
    Number of requested bootstrap draws         1000
    Number of successful bootstrap draws         994

                    Estimate  Std.err  Z-value  P(>|z|)   Std.lv   Std.all
Regressions:
  Y ~
    M          (b)    0.337    0.771    0.437    0.662    0.337    0.313
    X          (c)    0.398    0.428    0.932    0.351    0.398    0.579
  M ~
    X          (a)    0.589    0.099    5.940    0.000    0.589    0.923

Variances:
    Y                 0.142    0.048                      0.142    0.232
    M                 0.078    0.030                      0.078    0.149

Defined parameters:
    indirecteffct     0.198    0.441    0.450    0.652    0.198    0.289
    totaleffect       0.597    0.126    4.752    0.000    0.597    0.868
```

[그림 9-8]   결과물

결과 해석   20회의 회전을 거쳐(lavaan (0.5-18) converged normally after 20 iterations) 최적 해를 도출했음을 알 수 있다. ❶ 네모 상자 영역을 보면, 각 경로별 비표준화계 수가 나타나 있다. Y~M 간의 경로(b)의 비표준화계수는 0.337이다. 표준오차는 0.771이고 이에 대한 Z통계량과 p값은 각각 0.437, 0.662이다. $\alpha =0.05$ 수준 에서 유의하지 않음을 알 수 있다. 독립변수와 종속변수 간의 Y~M 경로(c)의 비 표준화계수는 0.398이다. 표준오차는 0.428이다. 이에 대한 Z통계량과 p값은 각 각 0.932, 0.351이다. $\alpha =0.05$ 수준에서 유의하지 않음을 알 수 있다. 독립변수 와 매개변수 사이의 경로 간(M ~ X)(a)의 비표준화계수는 0.589이다. 표준오차는 0.099이다. 이에 대한 Z통계량과 p값은 각각 5.940, 0.000이다. $\alpha =0.05$ 수준에 서 유의함을 알 수 있다.

❷네모 상자 영역을 보면, Y~M 간의 경로(b)의 표준화계수는 0.313이다. 독립 변수와 종속변수 간의 Y~M 경로(c)의 표준화계수는 0.579이다. 독립변수와 매개변수 사이의 경로 간(M~Y)(a)의 표준화계수는 0.923이다.

표준화된 간접효과(indirect effect, ab)는 0.289(0.923*0.313)이다. 이에 대한 Z통계량과 p값은 각각 0.450과 0.652이다. 총효과(total effect)는 간접효과와 직접효과의 합인 0.868(0.289+0.313)이다. 이에 대한 Z통계량과 p값은 각각 4.752, 0.000이다. α=0.05 수준에서 유의함을 알 수 있다.

앞 [그림 9-6]의 상관계수와 간접효과를 비교하면서 설명하기로 한다. 상관계수(Correlation Coefficient)는 표준화된 공분산을 말한다. 따라서 인과효과의 총량은 상관계수 자체가 된다. 이것을 표로 나타내면 다음과 같다.

내용	X-M	X-Y	M-Y
총효과	0.923	0.868	0.847
인과효과(①+②)	0.923	0.868	0.313
직접효과(①)	0.923	0.579	0.313
간접효과(②)	–	0.289(0.923×0.313)	–
의사효과	–	–	0.534(0.579×0.923)

X-Y의 관계에서 총효과가 인과효과(직접효과+간접효과) 0.868임을 알 수 있다. 이는 상관계수 자체임을 알 수 있다.

분석자는 http://quantpsy.org/sobel/sobel.htm을 방문하여 쉽게 간접효과의 유의확률을 계산해볼 수 있다. a, b란에는 비표준계수를 S_a, S_b에는 해당 표준오차를 나타낸다. 여기서 Calculate 버튼을 누르면 p-value를 산출할 수 있다.

Input:		Test statistic:	Std. Error:	p-value:
a	0.589	Sobel test: 0.43591983	0.4553429	0.6628949
b	0.337	Aroian test: 0.42992134	0.46169608	0.66725286
s_a	0.099	Goodman test: 0.44217662	0.44889981	0.6583614
s_b	0.771	Reset all	Calculate	

[그림 9-9] Z통계량 계산

RStudio 의 Plots 을 누르면 다음과 같은 경로도형이 나타나는 것을 확인할 수 있다.

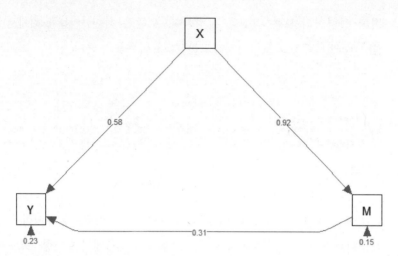

[그림 9-10] 경로도형

결과 해석 ▌ 표준화회귀계수가 제시되어 있음을 알 수 있다.

2.2 이론모델 분석

앞 7장에서 다룬 예제를 이용하여 총효과(직접효과, 간접효과)를 구하는 방법에 대하여 알아보자. 앞의 데이터 파일은 data.csv 파일이다. 이론모형에서 총효과를 알아보기 위해서 다음과 같은 명령어를 입력한다.

[그림 9-11] 총효과(직접효과, 간접효과) 명령문 입력   [데이터] ch9-2.R

이어 명령어의 모든 범위를 지정한다. 오른쪽 하단 **Packages** 에서 ☑ lavaan,
☑ semPlot 프로그램을 지정하고 ▣ Run 버튼을 누른다.

	Estimate	Std.err	Z-value	P(>|z|)	Std.lv	Std.all
Defined parameters:						
indirecteffct	0.481	0.044	10.892	0.000	0.504	0.504
totaleffect	0.837	0.045	18.723	0.000	0.874	0.874

[그림 9-12]   총효과

결과 해석 ▌ 표준화된 간접효과는 0.504이고 $p = 0.000 < \alpha = 0.05$에서 유의함을 알 수 있다.
표준화된 총효과는 0.874이다. 총효과 또한 $\alpha = 0.05$에서 유의함을 알 수 있다.

연습문제

1. 다음 문제를 실행해보고 간접효과(a×b) 유의성을 언급하라.

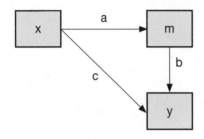

```
RStudio
File   Edit   Code   View   Plots   Session   Build   Debug   Tools   Help
                            Go to file/function
ex9-1.R
     Source on Save                                                    Run      Source
 1  set.seed(1234)
 2  X <- rnorm(100)
 3  M <- 0.5*X + rnorm(100)
 4  Y <- 0.7*M + rnorm(100)
 5  Data <- data.frame(X = X, Y = Y, M = M)
 6  model <- 'Y ~ c*X
 7  M ~ a*X
 8  Y ~ b*M
 9  ab := a*b
10  total := c + (a*b)'
11  fit <- sem(model, data = Data)
12  summary(fit)
13  diagram<-semPlot::semPaths(fit,
14              whatLabels="std", intercepts=FALSE, style="lisrel",
15              nCharNodes=0,
16              nCharEdges=0,
17              curveAdjacent = TRUE,title=TRUE, layout="tree2",curvePivot=TRUE)
18  |

18:1   (Top Level)                                                       R Script
```

2. 앞에서 다룬 데이터 파일(exdata.csv)을 이용하여 총효과(직접효과＋간접효과)
를 계산하여 보자.

잠재성장모델링

계수's 생각

절차탁마(切磋琢磨)는 경쟁력의 원천이다.
꾸준한 학습과 삶의 충격으로부터의 회복이 관건이다.

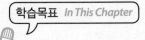

학습목표 *In This Chapter*

– 잠재성장모델의 개념을 이해한다.

– 잠재성장모델의 종류를 구분할 수 있다.

– R 프로그램에서 잠재성장모델을 분석할 수 있고 제대로 해석할 수 있다.

제1절 잠재성장모델링의 의의

잠재성장모델링(LGM: Latent Growth Modeling) 또는 잠재성장곡선모델링(LGCM: Latent Growth Curve Modeling)은 3번 이상 측정된 종단자료(longitudinal data) 또는 패널자료(panel data)를 분석하는 방법이다. 잠재성장모델링은 종단자료와 패널자료의 집단수준이나 개인수준에서 변화의 크기 및 추이 변화를 분석하는 방법이다. 연구자가 관심을 갖은 패널자료는 횡단면자료, 시계열자료, 그리고 코호트 자료(Cohort data) 등이다. 횡단면자료는 1차자료나 2차자료를 단발성으로 조사한 자료이고, 시계열자료는 주기별로 조사한 자료를 말한다. 코호트 자료는 특정 요인에 노출된 집단과 노출되지 않은 집단을 추적하고 연구 대상별 요인의 관련성을 조사한 것이다. 이들 자료에는 시간적인 개념이 포함된다.

[그림 10–1] 잠재성장모델 분석자료

연구자는 세 번 이상 또는 그 이상의 측정된 종단자료(longitudinal data)나 패널자료(panel data)에 대해서 집단평균 또는 개인에 대한 변화량을 확인할 수 있다. 연구자는 잠재성장모델을 통해서 다음을 확인할 수 있다.

- 무엇이 시간대별로 발생하였는가? 이 변화가 선형 변화인가 아니면 비선형적인 변화인가?
- 어느 시점에서 프로세스가 시작되는가? 무엇이 초기수준(상수)인가?
- 프로세스 발달이 어떻게 진행되는가? 기울기가 가파른가 그렇지 않은가? 만약 비선형 변화라면 방향 변화가 있는가?
- 초기수준(상수)은 무엇을 나타내는가?
- 성장률은 무엇을 설명하는가?
- 하나의 속성이 다른 변화율에 어떻게 영향을 미칠 것인가?

잠재성장모델 분석에 사용되는 데이터는 적어도 3번 이상 측정된 연속변수의 종속변수가 있어야 하며, 시간 흐름에 따른 동일한 단위를 갖는 점수가 있어야 한다. 또한 시간구조(time structured)를 갖는 자료, 즉 동일 간격에 걸친 사례가 모두 측정되어야 한다. 연구자가 3개월 아니면 상반기, 1년을 기준으로 하였다면 그 안에 끝내야 한다. 시간구조 기준이 흔들리면 연구에 의미가 없을 수 있다.

잠재성장모델 분석에 사용되는 자료는 원자료(raw data), 행렬자료(상관행렬, 공분산자료), 변수의 평균자료(예, 성별, 연령, 부모의 간섭) 등이 사용될 수 있다.

제2절 잠재성장모델의 종류

잠재성장모델은 1단계(비조건적 모델 분석, unconditional model)를 거쳐 2단계 조건적 모델 분석을 수행한다. 1단계에서는 반복측정된 변수만 포함한 모델의 변화를 분석한다. 이 과정에서는 개인 내 모델(1수준 모델)과 개인 간 모델(2수준 모델)로 구분한다.

다음 그림은 비조건적 모델의 종류를 나타낸 것이다. 심리학이나 교육 분야에서 자주 이용되고 있는 자아존중감(self-efficacy)에 관한 내용을 주기별로 측정한 것을 예로 살펴본다.

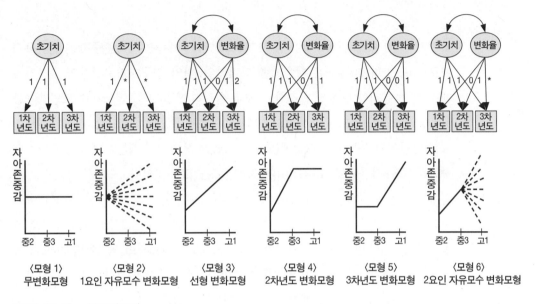

[그림 10-2] 비조건모델

무변화모델(모형 1)은 초기치만 있고 변화율은 설정하지 않은 것으로, 3년간 자아존중감의 변화가 유의미하지 않음을 가정하는 경우이다.

1요인 자유모수 변화모형(모형 2)은 무변화모델처럼 1개 요인만 있는 것으로 2차년도 3차년도 요인계수를 자유롭게 추정하도록 설정하여 다양한 변화를 보다 간명하게 파악하기 위한 모델이다. 여기서는 자유롭게 추정하도록 설정한 요인계수는 *(asterisk)로 나타내었다. 실제 경로도형 구축 시에는 문자로 표시하거나 명칭을 부여할 수도 있다.

선형 변화모델(모형 3)은 잠재성장모델의 가장 기본형으로 초기치와 변화율 2개의 잠재요인이 있는 것이다. 이 경우는 초기치와 변화율 2개를 동시에 고려하기 때문에 2수준 모델(level 2 model)이라고도 부른다. 연구자는 잠재요인의 초기치 요인계수를 모두 '1'로 고정한다. 초기치(intercept)는 프로세스 출발점의 초기수준을 나타내는 것으로 상수(constant)라고도 부른다. <모형3> 선형 변화모델을 수식으로 나타내면 다음과 같다.

$$\begin{pmatrix} y_1 \\ y_2 \\ y_3 \end{pmatrix} = \begin{pmatrix} 10 \\ 11 \\ 12 \end{pmatrix} \times \begin{pmatrix} constant \\ slope \end{pmatrix} + \begin{pmatrix} e_1 \\ e_2 \\ e_3 \end{pmatrix} \qquad \cdots\cdots(식\ 10\text{-}1)$$

초기치 세 가지 수준에서 같은 값 '1'로 고정되는 이유는 자아존중감이 일정하기 때문이다. 변화율(slope)은 기울기를 의미한다. 만약 연구자가 3년간의 조사자료에 대한 선형적인 변화를 가정한 모델을 설정하였을 경우, 연구자는 요인계수를 0, 1, 2로 고정하여 모델을 설정할 수 있다. 처음 수준인 1차년도에 요인계수가 '0'으로 입력된 이유는 초기수준에는 성장이 없는 상태이기 때문이다. 2차년도는 첫 수준의 바로 다음으로 '1(0+1)'이다. 3차년도는 '2(1+1)'이다. 또 다른 방법으로 변화율을 '0'으로 시작해서 '1' 안에 있는 숫자로 배분할 수도 있다. 예를 들어, 다섯 기간에 걸쳐 조사된 자료인 경우 다섯 개의 회귀계수는 0, 0.25, 0.50, 0.75, 1로 고정시킬 수 있다. 만약 연구모델이 비선형모델(nonlinear model), 즉 2차함수(quadratic model)인 경우 경로계수는 0, 1, 4로 고정한다. 이는 복잡한 성장모델을 가정하기 때문에 1차항의 제곱값을 계수로 지정한다($0^2, 1^2, 2^2$).

2차년도 변화모델(모형 4)은 선형모델과 요인구조는 같으나 변화율의 요인계수를 선형모델처럼 설정하지 않고 0, 1, 1로 설정한다. 이 모델은 1차년도와 2차년도 사이에는 자아존중감에 변화가 있으나 2차년도와 3차년도 사이에는 자아존중감에 변화가 없을 것임을 가정한다.

모형 5(3차년도 변화모델)는 선형 변화모델과 기본 구조는 같으나 변화율 요인계수를 0, 0, 1로 설정한 것으로, 이는 1차년도와 2차년도 사이에는 자아존중감의 실질적인 변화가 없고 2차년도에서 3차년도 사이에는 변화가 있다고 가정한 모델이다.

2요인 자유모수 변화모델(모형 6)은 다른 2요인 모델들(3~5)과 요인구조는 동일하다. 여기서는 변화율의 1, 2차 요인계수는 각각 0, 1로 고정하지만 변화율의 3차년도 요인계수는 자유롭게 추정하도록 설정한 모델이다. 변화율의 1, 2차년도 요인계수를 0, 1로 고정하는 이유는 일정의 기준 간격을 설정한 것으로, 1차년도에서 2차년도 사이의 변화를 1로 놓았을 때 2차년도와 3차년도 사이의 변화의 크기를 측정하기 위한 것이다. 2요인 자유모수 변화모델은 변화율의 3차년도 요인계수를 자유롭게 추정하므로 자료의 실제적인 변화에 가깝게 모델을 설정할 수 있는 장점을 갖는다. 반면 자유도(df)가 줄어들어 모델의 간명성(parsimony)이 낮아지는 단점이 있다.

연구자는 비조건모델을 분석한 다음 조건모델을 분석함으로써 시간에 따른 변화를 예측할 수 있다. 조건모델에서는 시간 변화에 따른 발달 과정에 영향을 미치는 예측변수(predictors)을 투입하여 예측요인을 규명한다. 대표적인 예는 다음 그림과 같다.

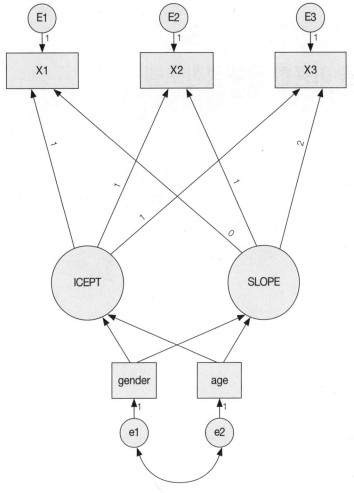

[그림 10-3] 잠재성장모델 2수준 모델

이는 자아존중감의 초기치와 변화율을 종속변수로 하고 성별, 연령 변수를 설명변수로 투입하여 2수준 분석을 하는 경우를 나타낸 것이다. 이 외에도 연구자는 탄탄한 이론적 배경과 경험을 바탕으로 잠재성장모델과 구조방정식모델을 조합한 혼합모델(hybrid mode)을 만들 수도 있다.

잠재성장모델링에서 연구모델의 적합도는 일반적으로 절대적합지수(absolute fitness index)인 χ^2 통계량, RMSEA(Root Mean Square Error of Approximation)와 증분적합지수(incremental fitness index) 계열인 NFI, CFI 등을 사용한다. NFI나 CFI는 0.9 이상이거나 RMSEA가 0.5 이하이면 적합도는 매우 우수하다고 판단한다.

제3절   R을 이용한 잠재성장모델 분석

3.1 예제

다음 자료는 어느 대학 학생들의 4개월 동안(t1, t2, t3, t4) 신문 읽기(on-line, off-line 포함) 시간을 측정한 것이다. 여기서 gender(성별) 변수에서 0은 여성, 1은 남성을 나타낸다. 측정 자료는 다음과 같다.

[표 10-1]   신문 읽기 시간 자료

gender	t1	t2	t3	t4
0	26	25	29	31
0	21.5	22.5	23	26.5
0	23	22.5	24	27.5
0	25.5	27.5	26.5	27
0	20	23.5	22.5	26
0	24.5	25.5	27	28.5
0	22	22	24.5	26.5
0	24	21.5	24.5	25.5
0	23	20.5	31	26
0	27.5	28	31	31.5
0	23	23	23.5	25
0	21.5	23.5	24	28
0	17	24.5	26	29.5
0	22.5	25.5	25.5	26
0	23	24.5	26	30
0	22	21.5	23.5	25
1	21	20	21.5	23
1	21	21.5	24	25.5
1	20.5	24	24.5	26
1	23.5	24.5	25	26.5
1	21.5	23	22.5	23.5
1	20	21	21	22.5
1	21.5	22.5	23	25
1	23	23	23.5	24
1	20	21	22	21.5
1	16.5	19	19	19.5
1	24.5	25	28	28

[데이터] ch10.csv

3.2 R 분석(비조건모델)

1. 앞의 자료를 엑셀창에 입력한 후 ch10.csv 형태로 저장한다.

	A	B	C	D	E	F	G	H	I	J	K	L
1	gender	t1	t2	t3	t4							
2	0	26	25	29	31							
3	0	21.5	22.5	23	26.5							
4	0	23	22.5	24	27.5							
5	0	25.5	27.5	26.5	27							
6	0	20	23.5	22.5	26							
7	0	24.5	25.5	27	28.5							
8	0	22	22	24.5	26.5							
9	0	24	21.5	24.5	25.5							
10	0	23	20.5	31	26							
11	0	27.5	28	31	31.5							
12	0	23	23	23.5	25							
13	0	21.5	23.5	24	28							
14	0	17	24.5	26	29.5							
15	0	22.5	25.5	25.5	26							
16	0	23	24.5	26	30							
17	0	22	21.5	23.5	25							
18	1	21	20	21.5	23							
19	1	21	21.5	24	25.5							
20	1	20.5	24	24.5	26							
21	1	23.5	24.5	25	26.5							
22	1	21.5	23	22.5	23.5							
23	1	20	21	21	22.5							
24	1	21.5	22.5	23	25							
25	1	23	23	23.5	24							
26	1	20	21	22	21.5							
27	1	16.5	19	19	19.5							
28	1	24.5	25	28	28							

[그림 10-4] 데이터 입력 화면   [데이터] ch10.csv

2. 4개월간 데이터(t1, t2, t3, t4)의 각각 평균을 구한 다음, 엑셀에서 다음과 같은 차트로 나타낼 수 있다.

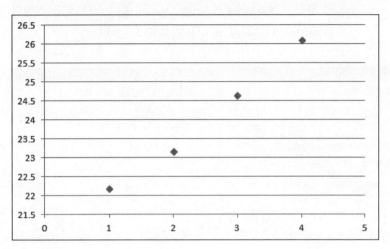

[그림 10-5] 차트 작성

3. 이 자료는 앞의 [그림 10-2] 비조건모델에서 모형3(선형 변화모델)에 해당함을 알 수 있다.

4. ![R Studio] 에서 다음과 같은 명령문을 입력한다.

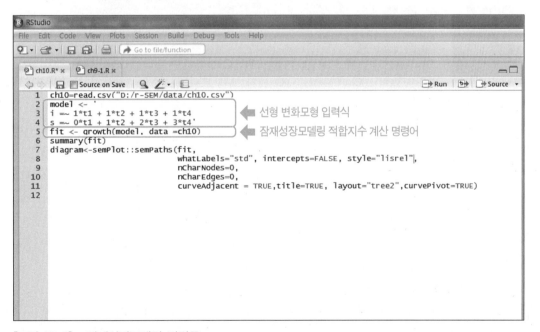

[그림 10-6] 잠재성장모델링 명령문

5. 오른쪽 하단의 **Packages** 에서 ☑ lavaan, ☑ semPlot 을 지정한 다음, 마우스로 범위를 지정하고 ⇨Run 버튼을 클릭하여 실행한다.

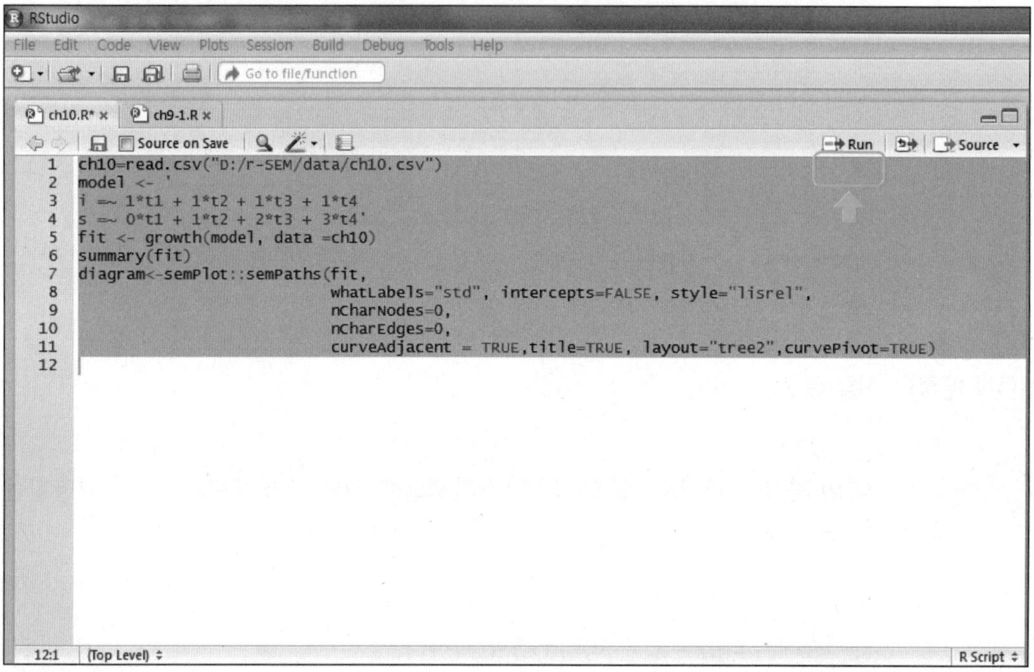

[그림 10-7] 범위 지정 창

6. 연구자는 다음과 같은 결과물을 제대로 해석하면 된다.

```
lavaan (0.5-18) converged normally after  45 iterations

  Number of observations                              27

  Estimator                                           ML
  Minimum Function Test Statistic                  6.465
  Degrees of freedom                                   5
  P-value (Chi-square)                             0.264

Parameter estimates:

  Information                                   Expected
  Standard Errors                               Standard

                    Estimate  Std.err  Z-value  P(>|z|)
Latent variables:
  i =~
    t1               1.000
    t2               1.000
    t3               1.000
    t4               1.000
  s =~
    t1               0.000
    t2               1.000
    t3               2.000
    t4               3.000

Covariances:                                      ❶
  i ~~
    s                0.143    0.340    0.421    0.674

Intercepts:                                       ❷
    t1               0.000
    t2               0.000
    t3               0.000
    t4               0.000
    i               21.989    0.403   54.577    0.000
    s                1.362    0.139    9.774    0.000

Variances:
    t1               2.108    0.935
    t2               1.462    0.529
    t3               2.313    0.765
    t4               0.309    0.814
    i                3.146    1.246
    s                0.335    0.207
```

[그림 10-8] 잠재성장모델 분석 결과물

> **결과 해석** ┃ 상수항(i)과 기울기(s)의 공분산은 0.143이고 표준오차(std.err)는 0.340이고, 이에
> 대한 z값은 0.421이고 확률(p)=0.674 > α = 0.05에서 유의하지 않음을 알 수 있

다. 평균을 이용한 추정식은 다음과 같다.

$$t_i = 21.989(i) + 1.362(s) + 오차$$
$$t_1 = 21.989(1) + 1.362(0) + 오차$$
$$t_2 = 21.989(1) + 1.362(1) + 오차 \qquad \cdots\cdots(식\ 10\text{-}2)$$
$$t_3 = 21.989(1) + 1.362(2) + 오차$$
$$t_4 = 21.989(1) + 1.362(3) + 오차$$

7. 연구자는 다음과 같은 경로도형을 얻을 수 있다.

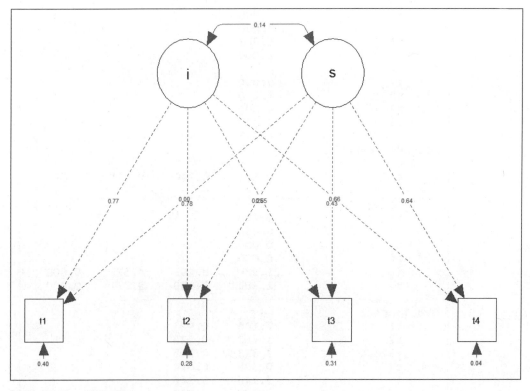

[그림 10-9]   경로도형

결과 해석 ┃ 상수항(i)과 기울기(s) 간의 공분산은 0.14이다. 각 경로계수가 나타나 있다. 또한 각 시기별 오차항도 표시되어 있다.

3.3 R 분석(조건모델)

다음에서는 성별(gender)이 상수와 기울기에 미치는 영향을 알아보기 위해서 조건
모델을 분석하여 보자.

1. 조건변수라고 할 수 있는 성별(gender) 변수와 관련한 상수항, 기울기 관련 회귀
식을 입력하도록 한다.

[그림 10-10] 경로도형　　　　　　　　　　　　　　　　　　　[데이터] ch10-1.R

2. 오른쪽 하단의 **Packages** 에서 ☑ lavaan , ☑ semPlot 을 지정한 다음, 마우스
로 범위를 지정하고 ➡ Run 버튼을 클릭하여 실행한다. 그러면 다음 결과물을 얻을
수 있다.

```
lavaan (0.5-18) converged normally after  61 iterations

  Number of observations                        27

  Estimator                                     ML
  Minimum Function Test Statistic            7.277
  Degrees of freedom                             7
  P-value (Chi-square)                       0.401

Parameter estimates:

  Information                              Expected
  Standard Errors                          Standard
```

[그림 10-11] 결과물 1

결과 해석 본 결과는 61회 회전 후에 결과를 도출한 것임을 알 수 있다. χ^2=7.277, 자유도 ($d.f$)=7, 이에 대한 확률(p)=0.01 > α = 0.05이므로 "H_0: 연구모형은 모집단 자료에 적합하다."라는 귀무가설을 채택하게 된다.

```
                      Estimate  Std.err  Z-value  P(>|z|)
Latent variables:
  i =~
    t1                 1.000
    t2                 1.000
    t3                 1.000
    t4                 1.000
  s =~
    t1                 0.000
    t2                 1.000
    t3                 2.000
    t4                 3.000

Regressions:
  i ~
    gender            -1.285    0.780   -1.648    0.099
  s ~
    gender            -0.694    0.252   -2.753    0.006

Covariances:
  i ~~
    s                 -0.096    0.306   -0.314    0.753

Intercepts:
    t1                 0.000
    t2                 0.000
    t3                 0.000
    t4                 0.000
    i                 22.505    0.498   45.208    0.000
    s                  1.651    0.161   10.258    0.000
```

```
variances:
    t1              2.150        0.942
    t2              1.432        0.516
    t3              2.409        0.761
    t4              0.097        0.697
    i               2.739        1.134
    s               0.262        0.178
```

[그림 10-12] 결과물 2

결과 해석 ✔ gender(성별)로부터 i(상수항)로의 회귀계수는 −1.285로 유의하지 않음을 알 수 있다($p=0.099 > \alpha = 0.05$). 반면에 gender(성별)로부터 s(기울기)로의 회귀계수는 −0.694로 음의 방향으로 유의함을 알 수 있다($p=0.006 < \alpha = 0.05$). 이는 여성(0)이 아닌 남성(1)인 경우 4개월간의 변화 기울기가 0.694만큼 감소함(−)을 나타낸다. 또한 분석자는 다음과 같은 경로도형을 얻을 수 있다.

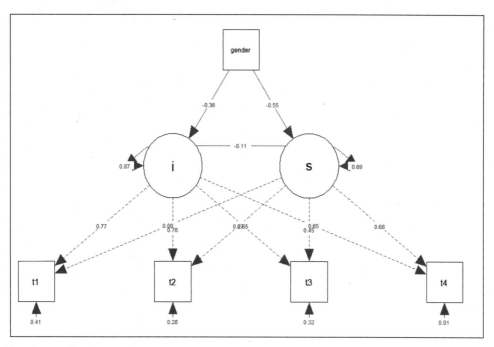

[그림 10-13] 경로도형

결과 해석 ✔ 상수항(i)과 기울기(s) 간의 공분산은 −0.11이다. 각 경로계수가 나타나 있다. 또한 각 시기별 오차항도 표시되어 있다.

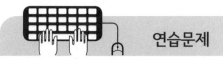

연습문제

1. 독서와 실행력은 자전거 앞바퀴와 뒷바퀴라고 할 수 있다. 대학생 10에 대한 1개월(x1), 3개월(x2), 5개월(x3), 7개월(x4) 독서량과 실행력(e, 낮은 경우: 0점, 높은 경우 10점)을 조사하였다. 실행력(e) 변수를 투입하지 않은 비조건모델과 실행력(e) 변수를 투입한 조건모델 관련 잠재성장모델 분석을 해보고 논리적으로 설명해 보자.

	A	B	C	D	E	F	G	H	I
1	e	x1	x2	x3	x4				
2	2	1	1	1	2				
3	5	3	3	4	4				
4	6	3	4	6	7				
5	7	4	6	6	8				
6	8	5	6	7	8				
7	9	6	7	8	9				
8	5	3	2	3	4				
9	2	2	2	3	4				
10	5	2	3	4	5				
11	8	4	5	6	7				
12									

[데이터] ex10.csv

11장 PLS

우리는 모두 셀프리더(self-leader)이다.
늘 리더로서 누리는 영광과 보상에 감사하고
내가 이끄는 사람들을 위해 무엇을 할 것인지
끊임없이 고민해야 한다.

- CB-SEM과 PLS-SEM의 차이점을 이해한다.
- PLS-SEM의 기본 운영 과정을 이해한다.
- R-프로그램을 통해서 PLS 예제를 분석할 수 있다.
- PLS 결과물을 제대로 해석할 수 있다.

제1절 PLS에 대한 이해

1.1 분석방법 분류

최근 PLS(Partial Least Square, 부분최소제곱)가 구조방정식모델의 대안으로 부각되면서 관심이 높아지고 있다. PLS는 Herman Wold(1982)에 의해서 개발되었다. 그림에서 보는 바와 같이, PLS는 탐색요인분석을 시작으로 반복 OLS을 이용한 요인분석(PCA)을 토대로 예측 목적으로 개발되었다. 초기 계량경제학 모델 분석용으로 개발된 PLS는 화학 분석학에서 널리 이용되어 왔다. 최근에는 경영학, 경제학, 정치학, 교육공학, 다양한 사회과학 관련 분야에서 사용 빈도가 높아지고 있다.

연구자들이 사용하는 주요 통계분석 방법을 세대(1세대, 2세대)와 분석 목적(탐색적, 확인적)에 따라 분류할 수 있다(Hair et al., 2013). 세대 구분은 변수와의 관련성 분석에 치중된 것이 1세대라면, 2세대는 원인과 분석에 본격적으로 관심을 갖게 된 시기를 말한다. 탐색적 연구는 연구자가 변수 간의 관련성을 모르는 연구이거나 선행연구가 거의 전무한 경우에 하는 연구이다. 확인적 연구는 기존의 이론이나 경험적 사실을 말 그대로 확인하는 연구방법이다. 분석방법 분류를 다음 표로 나타낼 수 있다.

[표 11-1]　분석방법 분류

	탐색적	확인적
1세대	• 군집분석 • 탐색적 요인분석 • 다차원척도법	• 분산분석 • 로지스틱회귀분석 • 다중회귀분석
2세대	• PLS-SEM	• CB-SEM • 확인적 요인분석

1.2 구조방정식모델과 PLS

PLS는 입출력 데이터의 상관성을 고려한다. PLS의 기본 운영원리는 데이터의 연관성을 가장 잘 반영할 있는 순서대로 공통 요인을 결정하는 방식이다. PLS에서는 가능모델 중에서 최적모델을 선택한다. PLS는 분석과정마다 최적모델구조를 선택하는 방법으로 운용된다. 최종적으로 최소제곱법과 신경회로망의 내적 조합 모델을 갖는 PLS 모델을 구축하게 된다.

개념적으로나 실용적인 측면에서나 PLS는 관계를 고찰하는 다중회귀모델과 유사하다. PLS는 구조방정식모델에 비해서 엄격한 가정이 덜하다. 모델 복잡성과 표본크기 등에 관계없이 효율적인 분석이 가능하다. 개념을 구성하는 측정변수의 수에 대한 규정이 없어 적은 수의 측정항목으로도 요인화가 가능하다. 특히 측정에 문제가 있거나 확인보다 탐색에 주안점을 둔다면 PLS가 구조방정식모델의 대안으로 매력적이다.

비록 PLS가 광범위한 경우에 적용된다 하더라도, 연구자들은 개념의 속성과 관련하여 결과 해석에 주의해야 한다. 확인요인분석 결과를 통해서 판단할 수 있는 수렴타당성에 만족스럽지 못한 결과를 가져오면 합리적인 판단으로 PLS를 선택할 필요가 있다. 다음 표는 구조방정식모델과 PLS를 비교해놓은 것이다. 연구자는 이러한 특징을 이해하고 적합한 프로그램을 사용하면 된다.

[표 11-2]   구조방정식모델과 PLS 비교

평가	PLS-SEM	CB-SEM
목표	예측 중심	모수 중심
접근법	분산 기반(variance based)	공분산 기반(covariance based)
가정	예측 탐색(비모수)	다변량 정규분포와 독립 관찰
모수추정	변수와 표본크기의 일치	일치
잠재변수 점수	명시적 추정	불확실
잠재요인과 측정변수의 관계	반영지표와 조형지표	반영지표
시사점	예측 정확성	모수 정확성
모델 복잡성	복잡(100 개념과 1000개 변수)	적은 수(변수 100개 이하)
표본크기	300~100	200~800

[자료] Chin, W. W., Newsted, P. R.(1999), Structural equation modeling analysis with small sample using partial least squares. In: Hoyle, R. H.(Ed.) Statistical Strategies for Small Sample Research. Sage, Thouusand Oaks.

PLS는 다수의 예측변수들(predictor variables)의 최적 관계를 탐색하는 방법을 사용한다. 구조방정식모델은 측정항목 사이의 관계 설명과 관련 있는 공분산행렬과 관계가 있다. 반면에 PLS는 개념 간 예측이 주된 목적이다. PLS에서 모수의 예측은 부트스트래핑 방법 없이는 불가능하다.

PLS와 구조방정식모델의 근본적인 차이점은 분석 목적에 있다. PLS는 앞에서도 언급한 것처럼, 다중회귀분석의 OLS(Ordinary Least Square)법을 이용한다. 이유는 설명 가능한 분산을 최대화하여 모수를 계산할 수 있기 때문이다. PLS에서 R^2, 유의한 경로 등을 모델 적합도 평가에 사용한다(Chinn, 1998).

구조방정식모델은 이론을 모델화하고 이 모델과 자료의 일치도를 확인하는 데 주된 목적이 있다. 즉 구조방정식모델은 연구모델과 관찰 공분산 계산으로 적합성을 비교한다. 구조방정식모델은 변수와 변수 관계, 요인과 요인 관계 설명에 주로 이용된다. 즉, 구조방정식모델은 논리 적합성 검정을 주목적으로 한다. 반면에 PLS는 논리적인 적합성보다는 예측이 주된 목적이다.

지금까지 설명한 내용을 중심으로 PLS의 특징을 정리하면 다음과 같다.

- PLS는 개별 합성지수들로 요인을 계산한다. PLS는 측정변수 사이의 공분산을 산출하지는 않는다.

- 구조방정식모델에서와 달리 PLS에서는 자유도에 큰 의미를 두지 않는다.

- PLS는 구조방정식모델 분석과정에서 거치는 최적화 절차에 의존하지 않는다.

- PLS 모델은 해 찾기를 방해하는 치명적 오류나 통계적 인증에 문제가 되는 일이 적다.

- PLS는 내생개념하에서 분산을 최소화해서 해를 찾는다. 반면 구조방정식모델은 측정문항 사이의 관찰 공분산을 재생산하는 시도를 한다.

- PLS는 조형지표와 반영지표를 구분하지 않는다.

- PLS 분석에는 반드시 좋은 측정을 필요로 하지 않는다.

- PLS는 표본크기에 민감하지 않다.

1.3 PLS 방식 모델 명칭

PLS와 구조방정식모델의 기본 운용 방식은 유사하다. PLS는 구조방정식모델과 유사해 보인다. 그럼에도 불구하고 구조방정식모델과 PLS는 제안모델 개발, 측정, 해석 등에서는 실질적인 차이를 보이고 있다.

구조방정식모델에서는 측정모델(measurement model)과 이론모델(structural model)의 조합으로 관계를 나타낸다. 반면에 PLS 방식에서는 내부모델(inner model)과 외부모델(outer model)로 나타낸다. PLS에서 내부모델은, 구조방정식모델에서 측정모델과 측정모델을 연결한 이론모델에 해당한다. 마찬가지로 PLS에서 외부모델은, 구조방정식모델에서 측정모델에 해당한다. 요인에서 측정변수로 향하는 외부모델을 반영지표모델(reflective model)이라고 부른다. 반면에 측정변수에서 직접 요인으로 향하는 외부모델을 조형지표모델(formative model)이라고 한다. 이를 그림으로 나타내면 다음과 같다.

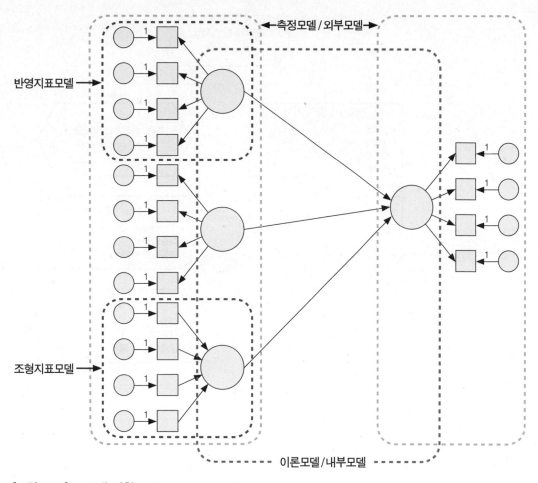

[그림 11-1] 모델 명칭

PLS는 질적 자료(명목척도, 서열척도)와 양적 자료(등간척도, 비율척도)로 된 변수 모
두 분석이 가능하다. 반면에 구조방정식모델은 독립요인과 종속요인을 구성하는
변수들은 가급적이면 양적 자료(등간척도, 비율척도)여야 한다.

PLS는 요인 간의 관계 설명보다는 예측이 주요 목적이다. PLS는 반영지표모델
(reflective model)과 조형지표모델(formative model), 재귀모델(recursive model) 등에서
분석이 가능하다. 또한 다양한 요인들과 함께 단일 항목이 잠재요인을 이루는 연
구모델에서도 분석이 가능하다.

연구모델에서 사용한 지표(반영지표, 조형지표)가 어떠한가에 따라 분석절차가 다
를 수 있다. 이를 그림으로 나타내면 다음과 같다.

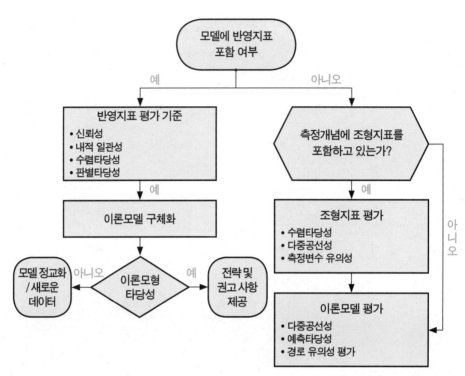

[그림 11-2] 분석절차

1.4 PLS의 장점과 단점

PLS는 구조방정식모델과 비교하여 장점과 단점을 갖고 있다. 먼저 장점을 살펴보면 다음과 같다.

첫째, 측정에 문제가 있어 구조방정식모델로 해결하지 못하는 문제를 해결할 수 있다. 예를 들어, 연구자가 단일 문항, 두 개 문항으로 구성된 모형을 구조방정식모델로 처리할 경우, 연구자는 PLS을 사용할 수 있다. 요인을 구성하는 변수가 1개 문항 또는 2개 문항으로 적은 경우는 구조방정식모델에서 타당성이 낮다. PLS에서는 변수의 수에 제약을 받지 않는다. 또한 엄격한 가정을 따를 필요가 없다.

둘째, PLS는 조형지표(개념)와 반영지표(개념)가 혼합되어 있는 연구모델을 분석할 수 있다. 구조방정식모델에서 조형지표모델을 구체화하기가 어려운 것이 사실이다. 많은 연구자들이 이러한 이유 때문에 PLS를 많이 사용한다. 또한 PLS는 구조방정식모델과 달리 모델의 복잡성 문제에 관계없이 많은 측정변수와 개념들을 분석할 수 있다.

셋째, PLS는 샘플의 크기에 관계없이 분석이 가능하다. PLS는 구조방정식모델과 달리, 대표본과 소표본 모두에서 분석이 가능하다. PLS는 구조방정식모델에서 분석이 불가능한, 매우 적은 표본(30개 이하)인 경우도 분석이 가능하다.

넷째, PLS는 설문조사 및 측정의 정확성이 다소 떨어질 때 유용하다. 연구자는 PLS의 주된 목적이 예측인 점을 고려하여 측정문항을 만들어야 한다.

PLS가 반드시 장점만 있는 것은 아니다. 단점도 있다.

첫째, PLS는 관계 설명보다는 예측에 집중된다는 것이다. 이것은 다소 이해하기 어려운 개념이다. 구조방정식모델에서 적합성이나 경로계수의 유의성에 대한 해를 도출할 수 없는 경우, PLS에서는 이에 대한 해를 구할 수 있다. 어떤 연구자들은 PLS가 항상 결과물을 도출해주기 때문에 가치가 있다고 말한다. 그러나 연구자는 직관력을 발휘할 필요성이 있다. 즉, 연구자는 PLS 결과물이 무엇을 의미하고 어떤 내용을 의미 있게 해석해야 하는지 등에 관한 사항을 심도 있게 고민해야 한다.

둘째, LISREL과 PLS의 비교를 통해서 두 방법의 근본적인 차이점을 알아보자. 동일한 연구모형과 동일한 데이터를 분석해볼 경우, LISREL 사용 방법과 PLS 방법 사이에는 차이가 있음을 알 수 있다. 분산추출지수, 신뢰도 지수, 경로계수 등에서 차이가 있다.

R을 이용한 PLS 분석

2.1 예제

앞 7장에서 다룬 예제 데이터(data.csv)를 다시 사용하기로 한다. 연구자가 커피 전문점의 가격(price), 서비스(service), 분위기(atm), 고객만족(cs), 고객충성도(cl) 요인 간 인과연구를 위해 설정한 연구모형과 연구가설을 나타내면 다음과 같다.

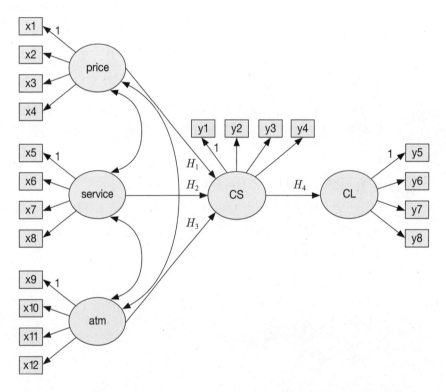

연구가설 1(H_1): 가격(price)은 고객만족(cs)에 유의한 영향을 미칠 것이다.

연구가설 2(H_2): 서비스(service)는 고객만족(cs)에 유의한 영향을 미칠 것이다.

연구가설 3(H_3): 분위기(atm)는 고객만족(cs)에 유의한 영향을 미칠 것이다.

연구가설 4(H_4): 고객만족(cs)은 고객충성도(cl)에 유의한 영향을 미칠 것이다.

[그림 11-3] 연구모형과 연구가설

2.2 PLS 분석

1. 다음과 같이 Rstudio에서 명령어를 입력한다. 데이터 불러오기, 외부모델, 내부모델, Matrixpls 분석 입력식 등이 표시되어 있다. 여기서는 atm 요인과 네 가지 변수(x9, x10, x11, x12)는 조형지표모델이라고 가정하자. 그러면 다른 입력식과 달리 'Atm <~ x9 + x10 + x11 + x12'로 입력해야 한다.

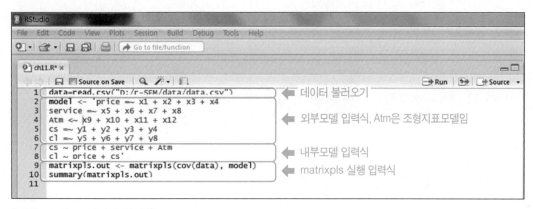

[그림 11-4] 명령어 입력창   [데이터] ch11.R

2. 분석에 앞서 ☑ lavaan, ☑ matrixpls을 설치(install)한다. 이어 **Packages** 창에서 ☑ lavaan, ☑ matrixpls 프로그램을 지정한다. 그리고 입력한 명령어를 모두 마우스로 드래그하여 지정한 다음 ➡Run 버튼을 누른다. 때에 따라서는 ➡Run 버튼을 두 번 눌러야 결과가 나오는 경우도 있는데 결과가 나오지 않는다고 당황할 필요가 없다.

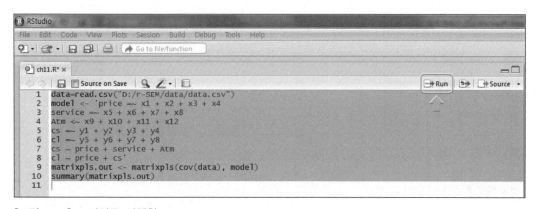

[그림 11-5] 명령문 실행창

3. 그러면 PLS 실행 결과물을 얻을 수 있다.

```
matrixpls parameter estimates
              Estimate
cs~price     0.03493908
cl~price     0.33127667
cs~service   0.42474645
cl~cs        0.55729994
cs~Atm       0.26607009
price=~x1    0.86220214
price=~x2    0.89208842
price=~x3    0.89419895
price=~x4    0.85393762
service=~x5  0.87200947
service=~x6  0.89838557
service=~x7  0.88222620
service=~x8  0.87077229
cs=~y1       0.81401796
cs=~y2       0.86494678
cs=~y3       0.85063036
cs=~y4       0.82290499
cl=~y5       0.83639911
cl=~y6       0.81064740
cl=~y7       0.80401270
cl=~y8       0.67635801
Atm<~x9      0.36482123
Atm<~x10     0.16396804
Atm<~x11     0.24950922
Atm<~x12     0.44376721
```

[그림 11-6]　모수

결과 해석 ▌ 본 내부모델과 외부모델 관련 모수값이 제시되어 있다.

```
matrixpls weights
            x1        x2        x3        x4        x5        x6        x7        x8        x9
price   0.2822956 0.2911005 0.2906327 0.2775768 0.0000000 0.0000000 0.0000000 0.0000000 0.0000000
service 0.0000000 0.0000000 0.0000000 0.0000000 0.2718705 0.2833252 0.2906650 0.2893510 0.0000000
cs      0.0000000 0.0000000 0.0000000 0.0000000 0.0000000 0.0000000 0.0000000 0.0000000 0.0000000
cl      0.0000000 0.0000000 0.0000000 0.0000000 0.0000000 0.0000000 0.0000000 0.0000000 0.0000000
Atm     0.0000000 0.0000000 0.0000000 0.0000000 0.0000000 0.0000000 0.0000000 0.0000000 0.3648212
            x10       x11       x12       y1        y2        y3        y4        y5        y6
price   0.0000000 0.0000000 0.0000000 0.0000000 0.0000000 0.0000000 0.0000000 0.0000000 0.0000000
service 0.0000000 0.0000000 0.0000000 0.0000000 0.0000000 0.0000000 0.0000000 0.0000000 0.0000000
cs      0.0000000 0.0000000 0.0000000 0.2979131 0.3060396 0.2944661 0.2944491 0.0000000 0.0000000
cl      0.0000000 0.0000000 0.0000000 0.0000000 0.0000000 0.0000000 0.0000000 0.3382683 0.3151962
Atm     0.1639680 0.2495092 0.4437672 0.0000000 0.0000000 0.0000000 0.0000000 0.0000000 0.0000000
            y7        y8
price   0.0000000 0.0000000
service 0.0000000 0.0000000
cs      0.0000000 0.0000000
cl      0.3187714 0.3034835
Atm     0.0000000 0.0000000
```

[그림 11-7]　가중치

결과 해석 ▌ 각 변수마다 해당하는 가중치 결과가 나타나 있다.

```
Weight algorithm converged in 4 iterations.

 Total Effects (column on row)
        price     service        cs        Atm
cs 0.03493908 0.4247464 0.0000000 0.2660701
cl 0.35074821 0.2367112 0.5572999 0.1482808

 Direct Effects
        price     service        cs        Atm
cs 0.03493908 0.4247464 0.0000000 0.2660701
cl 0.33127667 0.0000000 0.5572999 0.0000000

 Indirect Effects
        price     service  cs        Atm
cs 0.00000000 0.0000000   0  0.0000000
cl 0.01947155 0.2367112   0  0.1482808

 Inner model squared multiple correlations (R2)
    price     service        cs        cl        Atm
0.0000000 0.0000000 0.4129237 0.5935936 0.0000000

 Inner model (composite) residual covariance matrix
          cs        cl
cs 0.5870763 0.3271776
cl 0.3271776 0.4064064
```

[그림 11-8]   총효과와 설명력

결과 해석 ▌ 가중치 알고리즘(weight algorithm)에 의한 4회 회전 후 수렴된 결과이다. 우선 총효과(직접효과+간접효과)가 계산되어 있다. 이어 각 내부모델 다중상관치(R^2), 즉 설명력이 나타나 있다. 이는 외부모델에 의해서 설명되는 비율이라고 할 수 있다. 이어, 내부모델의 잔차 공분산행렬(residual covariance matrix)이 나타나 있다.

```
Outer model (indicator) residual covariance matrix
             x1           x2           x3           x4           x5           x6           x7
x1   0.2566074670 -0.049415026 -0.088971113 -0.11599139  0.055562669  0.015563285  0.01126351
x2  -0.0494150258  0.204178253 -0.065567322 -0.09521952 -0.003078896  0.004120471 -0.04757039
x3  -0.0889711125 -0.065567322  0.200408247 -0.05058912  0.004097658 -0.026354832 -0.03459074
x4  -0.1159913891 -0.095219519 -0.050589118  0.27079055  0.050825419  0.017753847 -0.02293536
x5   0.0555626687 -0.003078896  0.004097658  0.05082542  0.239599492 -0.013216131 -0.11989134
x6   0.0155632845  0.004120471 -0.026354832  0.01775385 -0.013216131  0.192903362 -0.06495282
x7   0.0112635107 -0.047570392 -0.034590741 -0.02293536 -0.119891336 -0.064952823  0.22167694
x8   0.0205807511 -0.036525156 -0.027639254  0.03240306 -0.091747924 -0.111220661 -0.04643508
x9   0.4833812017  0.489625196  0.535450580  0.53581206  0.418133618  0.399175673  0.39285582
x10  0.4614049471  0.451222552  0.470909285  0.48459074  0.459710272  0.434239254  0.38683650
x11  0.4095086951  0.422993188  0.393981313  0.41509355  0.426217653  0.421761429  0.38906373
x12  0.3530177326  0.398005696  0.355374313  0.39743309  0.412049857  0.397192605  0.41202766
y1   0.0169053857  0.006990276 -0.008056497  0.01568942  0.003668594 -0.021536768 -0.01089334
y2   0.0004680462 -0.007668099 -0.006106445  0.01551248 -0.020865770 -0.015717063 -0.01053830
y3  -0.0443686766 -0.002880935 -0.007778580 -0.02218908 -0.023962356 -0.016176728  0.01007641
y4   0.0344999992  0.029230181  0.005100473 -0.02636457 -0.016642927  0.014386473  0.05135030
y5   0.0133845318 -0.008954565  0.019878617 -0.01593564 -0.019994145 -0.034572296 -0.05360121
y6  -0.0265794916  0.001932888 -0.006287947 -0.02038109 -0.003619300  0.001089395 -0.02494830
y7   0.0810512508  0.042093461  0.070765055  0.09070001  0.027193912  0.039286251 -0.02660446
y8  -0.0660569104 -0.052597671 -0.084838438 -0.05104289  0.027753703  0.029122877  0.01309939
```

[그림 11-9]   외부모델 잔차 공분산행렬

결과 해석 ▌ 각 변수의 잔차 공분산행렬이 나타나 있다.

```
 Residual-based fit indices
                                  Value
Communality                    0.3303730
Redundancy                     0.1053393
SMC                            0.5032586
RMS outer residual covariance  0.2614206
RMS inner residual covariance  0.2786705
SRMR                           0.2486606
SRMR_Henseler                  0.2959266

 Absolute goodness of fit: 0.5999681

 Composite Reliability indices
     price    service        cs         cl        Atm
 0.9293897 0.9326882 0.9043675 0.8640130

 Average Variance Extracted indices
     price    service        cs         cl        Atm
 0.7670039 0.7760161 0.7028757 0.6151523

 AVE - largest squared correlation
     price    service        cs         cl        Atm
 0.3548972 0.3639095 0.1948612 0.1071378
```

[그림 11-10] 잔차 기반 적합지수

결과 해석 Communality는 원변수의 분산 중 분석에 포함된 요인에 의해서 설명되는 비율이다. 여기서는 커뮤널리티가 0.3303730이다. 중복(Redundancy)지수는 조형지표모델의 수렴타당성(convergent validity)을 나타내는 지표이다. 중복지수는 0.1053393이다. 중복지수는 설명변수에 의해 설명할 수 있는 반응변수의 분산을 요약하거나 추출한 것이다. 중복분석(Redundancy analysis)은 반응변수($y_1 \cdots y_n$)를 조형지표로 구성된 독립변수($x_1 \cdots x_n$)에 대해 회귀하는 방법이다. 이상적으로는 경로계수가 0.9 이상이어야 한다. 중복지수와 관련하여 그림으로 나타내면 다음과 같다.

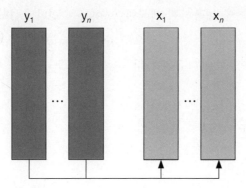

[그림 11-11] 중복지수

SMC(Squared Multiple Correlation)는 요인에 의해서 설명되는 비율로 여기서는 0.5032586이다. 외생변수 오차항 공분산 RMS(RMS outer residual covariance)는 0.2614206이다. 내생변수 오차항 공분산 RMS(RMS inner residual covariance)는 0.2786705이다. SRMR(standardized root mean square residual)은 표본공분산행렬과 예측 공분산행렬을 공분산행렬로 전환해놓은 것이다. 즉, 관찰행렬과 예측행렬의 차이가 SRMR이다. 여기서 SRMR는 0.2486606이다. SRMR_Henseler 지수는 0.2959266이다.

```
Absolute goodness of fit: 0.5955573

Composite Reliability indices
    price   service      Atm        cs        cl
0.9293897 0.9326882 0.8909558 0.9043681 0.8640130

Average Variance Extracted indices
    price   service      Atm        cs        cl
0.7670039 0.7760161 0.6716157 0.7028778 0.6151526

AVE - largest squared correlation
    price   service      Atm        cs        cl
0.3548978 0.3639101 0.2798288 0.1948706 0.1071454
```

[그림 11-12] 적합지수

결과 해석 절대적합지수(Absolute goodness of fit)는 0.5955573이다. 각 요인별 합성신뢰도 지수(Composite Reliability indices)가 나타나 있다. 합성신뢰도는 측정변수와 요인 사이의 표준적재치와 오차항을 이용하여 계산한다. 이는 수렴타당성의 평가 잣대로 이용된다. CR값이 0.7~0.9 사이에 있으면 수용 가능하다. 개념신뢰도(CR: Construct Reliability)의 계산 식은 다음과 같다.

$$CR = \frac{(\sum_{i=1}^{n} \lambda_i)^2}{(\sum_{i=1}^{n} \lambda_i)^2 + (\sum_{i=1}^{n} \delta_i)} \qquad \cdots\cdots(식\ 11\text{-}1)$$

여기서, $(\sum_{i=1}^{n} \lambda_i)^2$=표준 요인부하량의 합, $(\sum_{i=1}^{n} \delta_i)$=측정오차의 합을 나타냄.

AVE(Average Variance Extracted indices)는 표준적재치의 제곱합을 표준적재치의 제곱합과 오차분산의 합으로 나눈 값이다.

$$AVE = \frac{(\sum_{i=1}^{n} \lambda_i^2)}{(\sum_{i=1}^{n} \lambda_i^2) + (\sum_{i=1}^{n} \delta_i)} \qquad \cdots\cdots(식\ 11\text{-}2)$$

여기서, $\sum_{i=1}^{n} \lambda_i^2$=요인적재치의 제곱합, $(\sum_{i=1}^{n} \delta_i)$=측정오차의 합을 나타냄.

AVE값이 0.5 이상일 때 집중타당성이 높다고 판단한다. 평균분산추출지수와 다중상관치 간의 차이(AVE - largest squared correlation)가 나타나 있다. 요인 간 상관계수의 제곱(r^2) < 평균분산추출지수(AVE)이면 완전 판별타당성을 갖는다고 해석한다. 여기서는 양수(+)를 갖기 때문에 완전 판별타당성을 갖는다고 해석한다.

[참고문헌] ....

Bacon L. D.(1999), Using LISREL AND PLS TO MEASURE CUSTOMER SATISFACTION, Sawtooth Software Conference Proceedings: Sequim, WA., pp. 285-306.

Chinn, W. W.(1998), Issues and opinion on structural equation modeling, MIS Quarterly, Vol. 22, No. 1, pp. 7-16.

Ringle, C. M., Wende, S., and Will, A.(2005), "SmartPLS 2.0," www.smartpls.de: Hamburg.

Hair, Jr., J. F., Hult, G. Tomas, M., Hult, Ringle, C. M., Sarstedt, M., A Primer on Partial Least Squares Structural Equation Modeling (PLS-SEM), SAGE.

Chin, W. W., Newsted, P. R.(1999), Structural equation modeling analysis with small sample using partial least squares. In: Hoyle, R. H.(Ed.) Statistical Strategies for Small Sample Research. Sage, Thouusand Oaks.

Ketokivi, M., & Guide, D.(2015). Notes from the editors: Redefining some methodological criteria for the journal. Journal of Operations Management, forthcoming.

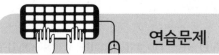

1. 지금까지 연습문제에서 다뤄온 exdata.csv 파일에서 고객지향성(cuo) 요인을 구성하는 변수(x1, x2, x3, x4)들이 반영지표가 아닌 조형지표로 가정하고 PLS 방식에 의해서 구조방정식모델을 분석하기로 하자. 나머지 요인들과 변수들은 반영지표라고 간주하고 분석해보자.

계수's 생각

계속해서 배우고 또 노력하자.

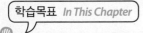

– 구조방정식모델링 시각화를 통해서 연구를 돋보이게 할 수 있다.

– 구조방정식모델의 Publishing에 대하여 알아보자.

– 그림 파일을 저장하는 방법을 알아보자.

제1절 구조방정식모델링 시각화

연구자는 구조방정식모델링 시각화(SEM modeling)를 통해서 다양한 경로도형을 구현할 수 있다. 구조방정식모델링 시각화는 연구 결과물을 보다 돋보이게 할 수 있는 방법이다. 앞의 7장에서 적용한 데이터를 이용하기로 한다. 가장 기본적인 경로도형을 얻기 위해서 명령문 마지막 행에 'diagram<-semPlot::semPaths(fit)'를 입력하도록 한다.

```
1  data=read.csv("D:/r-SEM/data/data.csv")
2  model <- 'price =~ x1 + x2 + x3 + x4
3  service =~ x5 + x6 + x7 + x8
4  Atm =~ x9 + x10 + x11 + x12
5  cs =~ y1 + y2 + y3 + y4
6  cl =~ y5 + y6 + y7 + y8
7  cs ~ price + service + Atm
8  cl ~ price + cs'
9  fit <- sem(model, data =data)
10 summary(fit, fit.measures=TRUE)
11 diagram<-semPlot::semPaths(fit)
```

[그림 12-1] 구조방정식모델링 경로도형 그리기 명령문   [데이터] ch12-1.R

이론모형 분석을 실시하기 위해서 ⓡ 하단 창의 **Packages** 버튼을 누른다. 다음과 같이 구조방정식모델 분석 프로그램인 ☑ lavaan 과 구조방정식모델 경로도형 프로그램인 ☑ semPlot 을 지정한다.

이어, 명령문의 모든 범위를 마우스로 드래그하여 지정한다.

```
data=read.csv("D:/r-SEM/data/data.csv")
model <- 'price =~ x1 + x2 + x3 + x4
service =~ x5 + x6 + x7 + x8
Atm =~ x9 + x10 + x11 + x12
cs =~ y1 + y2 + y3 + y4
cl =~ y5 + y6 + y7 + y8
cs ~ price + service + Atm
cl ~ price + cs'
fit <- sem(model, data =data)
summary(fit, fit.measures=TRUE)
diagram<-semPlot::semPaths(fit)
```

[그림 12-2] 명령문 지정 화면 　　　　　　　　　　　　　　[데이터] ch12-1.R

⇨ Run 버튼을 눌러 실행하면 다음과 같은 화면을 얻을 수 있다.

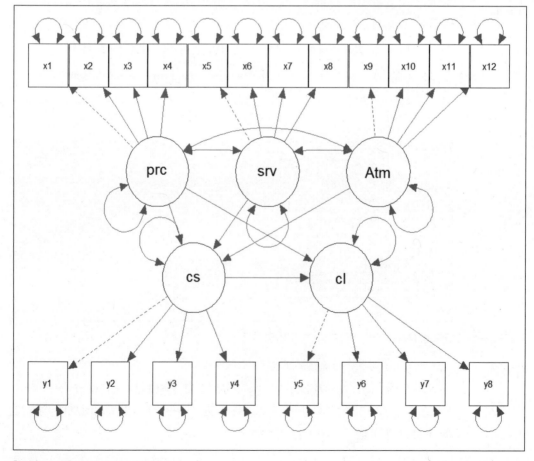

[그림 12-3] 경로도형 화면

결과 해석 ┃ 경로도형에서 각 요인을 구성하는 첫 번째 변수는 요인과 점선으로 연결되어 있음을 확인할 수 있다.

경로도형에 표준화계수를 표시하기 위해서 다음과 같이 명령어(diagram<-semPlot::semPaths(fit, "standarzied","Estimates"))를 입력한다. 또는 다음과 같이 약어로 명령어를 입력할 수 있다(diagram<-semPlot::semPaths(fit, "std","est")).

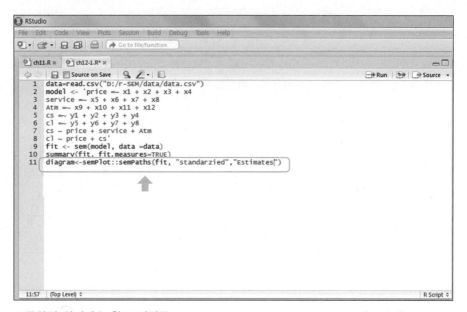

[그림 12-4] 표준화된 회귀계수 확보 명령문   [데이터] ch12-1.R

이어, 명령문 범위를 모두 마우스로 지정하고 ➡Run 버튼을 눌러 실행하면 다음과 같은 화면을 얻을 수 있다.

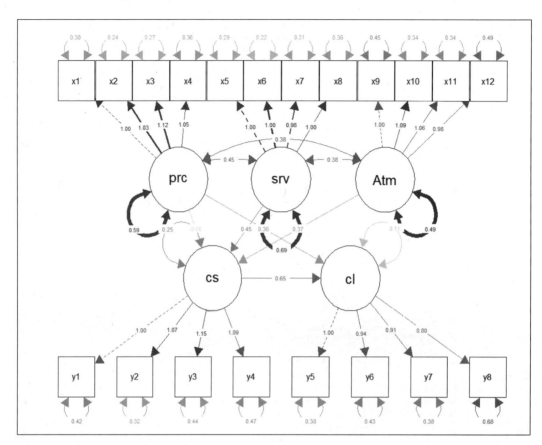

[그림 12-5] 1고정 경로도형

결과 해석 ▌ 각 요인을 구성하는 첫 번째 변수는 점선으로 되어 있고 '1'로 고정되어 있음을 알 수 있다. 이는 첫 번째 경로 '1'을 기준으로 요인을 구성하는 변수들의 상대적인 크기를 비교할 수 있는 가늠자를 제공하는 것이라고 할 수 있다.

오픈 구조방정식모델링 프로그램의 하나인 mx 방식으로 경로도형을 나타내고 싶다면 다음의 명령어에서 style="mx"라고 입력하면 된다(diagram<-semPlot:: semPaths(fit, "standarzied", "Estimates", style = "mx")). 이어, 명령문 범위를 모두 마우스로 지정하고 ⇨Run 버튼을 눌러 실행하면 다음과 같은 화면을 얻을 수 있다.

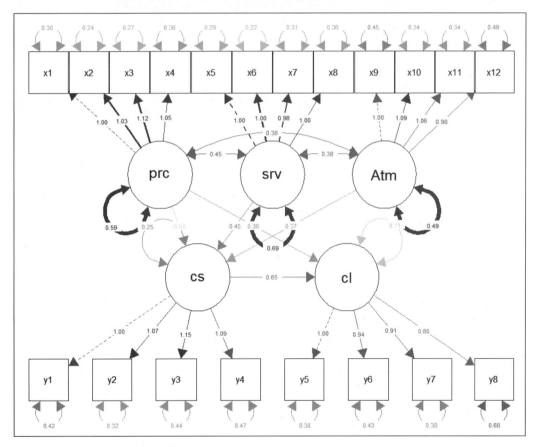

```
1  data=read.csv("D:/r-SEM/data/data.csv")
2  model <- 'price =~ x1 + x2 + x3 + x4
3  service =~ x5 + x6 + x7 + x8
4  Atm =~ x9 + x10 + x11 + x12
5  cs =~ y1 + y2 + y3 + y4
6  cl =~ y5 + y6 + y7 + y8
7  cs ~ price + service + Atm
8  cl ~ price + cs'
9  fit <- sem(model, data =data)
10 summary(fit, fit.measures=TRUE)
11 diagram<-semPlot::semPaths(fit, "standarzied","Estimates", style="mx")
```

[그림 12-6] MX 프로그램 경로도형 명령어   [데이터] ch12-1.R

[그림 12-7] MX 방식 경로도형

결과 해석 ▌ 구조방정식모델링 프로그램의 하나인 MX 프로그램 방식 경로도형이 나타나 있다.

구조방정식모델의 대표적인 프로그램이라고 할 수 있는 Lisrel 방식의 프로그램
으로 경로도형을 나타내는 방법을 알아보자. 이를 위해서는 'diagram<-semPlot::
semPaths(fit, "standarzied","Estimates", style="lisrel")' 명령어를 입력하면 된다.

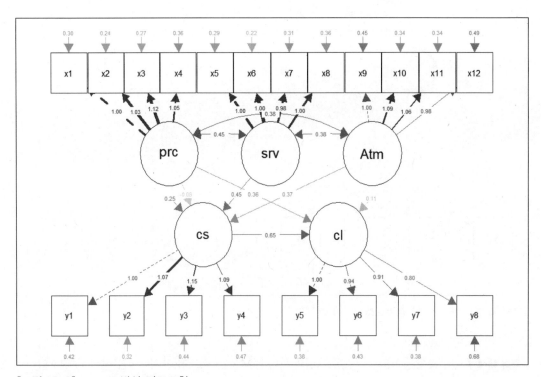

```
1  data-read.csv("D:/r-SEM/data/data.csv")
2  model <-  'price =~ x1 + x2 + x3 + x4
3  service =~ x5 + x6 + x7 + x8
4  Atm =~ x9 + x10 + x11 + x12
5  cs =~ y1 + y2 + y3 + y4
6  cl =~ y5 + y6 + y7 + y8
7  cs ~ price + service + Atm
8  cl ~ price + cs'
9  fit <- sem(model, data =data)
10  summary(fit, fit.measures=TRUE)
11  diagram<-semPlot::semPaths(fit, "standarzied","Estimates", style="lisrel")
```

[그림 12-8] Lisrel 방식 경로도형 명령문   [데이터] ch12-1.R

명령문 범위를 모두 마우스로 지정하고 [⇨ Run] 버튼을 눌러 실행하면 다음과 같
은 화면을 얻을 수 있다.

[그림 12-9] Lisrel 방식 경로도형

결과 해석 요인을 구성하는 변수와 요인과 요인의 경로계수가 '1' 이상인 경우는 굵은 실선으로 표시되어 있음을 알 수 있다. 이를 통해서 분석자는 빠르게 중요한 변수 및 경로를 찾아낼 수 있다.

연구자는 각 요인을 구성하는 변수마다 색깔을 달리하고 싶은 욕구가 있을 것이다. 이를 위해서 다음과 같은 명령어를 입력하도록 해보자.

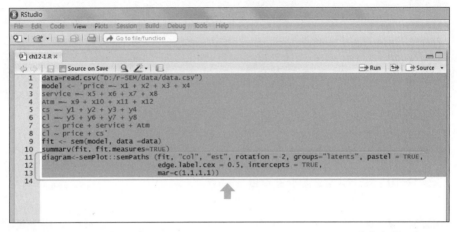

[그림 12-10] Lisrel 방식 경로도형   [데이터] ch12-1.R

명령문 범위를 모두 마우스로 지정하고 ➡Run 버튼을 눌러 실행하면 다음과 같은 화면을 얻을 수 있다.

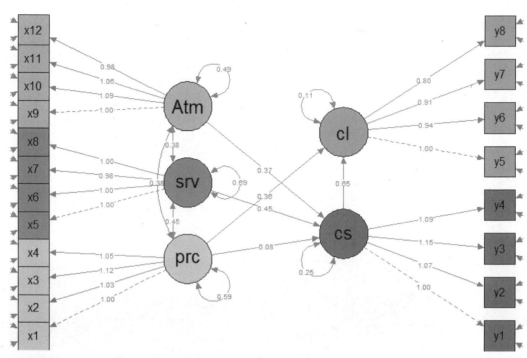

[그림 12-11] 요인 및 경로별 색깔 표현

결과 해석 ┃ 요인을 구성하는 변수와 요인과 요인별 경로 간의 색깔이 다르게 표시되었음을
알 수 있다.

경로도형을 원형으로 배치하기 위해서 다음과 같이 명령어를 입력하도록 하자.

```
RStudio
File  Edit  Code  View  Plots  Session  Build  Debug  Tools  Help
       Go to file/function

 ch12-2.R
   Source on Save                                                          Run      Source
1  data=read.csv("D:/r-SEM/data/data.csv")
2  model <- 'price =~ x1 + x2 + x3 + x4
3  service =~ x5 + x6 + x7 + x8
4  Atm =~ x9 + x10 + x11 + x12
5  cs =~ y1 + y2 + y3 + y4
6  cl =~ y5 + y6 + y7 + y8
7  cs ~ price + service + Atm
8  cl ~ price + cs'
9  fit <- sem(model, data =data)
10 summary(fit, fit.measures=TRUE)
11 diagram<-semPlot::semPaths(fit, "standardized", "hide", residuals = FALSE,
12                            sizeMan = 4, mar = c(1, 1, 1, 1), NCharNodes = 0,
13                            layout = "circle")
14
```

[그림 12-12] 경로도형 원형 표시 명령어   [데이터] ch12-2.R

명령문 범위를 모두 마우스로 지정하고 ⏎Run 버튼을 눌러 실행하면 다음과 같은 화면을 얻을 수 있다.

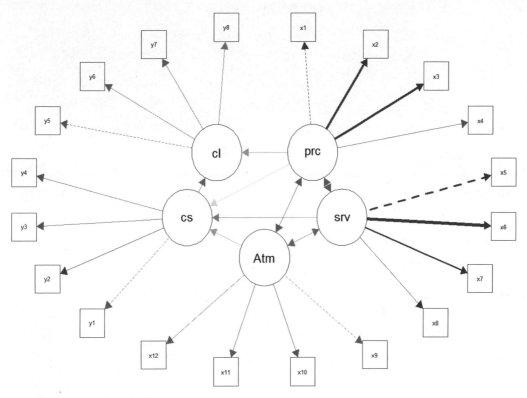

[그림 12-13] 경로도형 원형 표시

결과 해석 ┃ 중앙에 위치한 요인을 중심으로 변수들이 원형으로 배치되어 있음을 확인할 수 있다.

연구자는 각 요인과 변수를 기존 정형화된 틀에서 벗어난 모양으로 처리하고 싶을 수도 있다. 여기서는 요인은 별표, 변수는 하트 모양으로 나타내어 보자. 이를 위해서는 다음과 같은 명령어를 입력해보자.

```
RStudio
File  Edit  Code  View  Plots  Session  Build  Debug  Tools  Help
                                    Go to file/function

ch12-3.R*
     Source on Save                                                    Run      Source
  1  data=read.csv("D:/r-SEM/data/data.csv")
  2  model <- 'price =~ x1 + x2 + x3 + x4
  3  service =~ x5 + x6 + x7 + x8
  4  Atm =~ x9 + x10 + x11 + x12
  5  cs =~ y1 + y2 + y3 + y4
  6  cl =~ y5 + y6 + y7 + y8
  7  cs ~ price + service + Atm
  8  cl ~ price + cs'
  9  fit <- sem(model, data =data)
 10  summary(fit, fit.measures=TRUE)
 11  diagram<-semPlot::semPaths(fit, "std", "hide", sizeLat = 15, shapeLat = "star",
 12                             shapeMan = "heart",
 13                             col = list(man = "pink", lat = "yellow"),
 14                             residuals = FALSE, borders = FALSE,
 15                             edge.color = "purple", XKCD = TRUE, edge.width = 2,
 16                             rotation = 2, layout = "tree2", fixedStyle = 1, mar = c(1, 3, 1, 3))
 17
```

[그림 12-14] 색다른 경로도형   [데이터] ch12-3.R

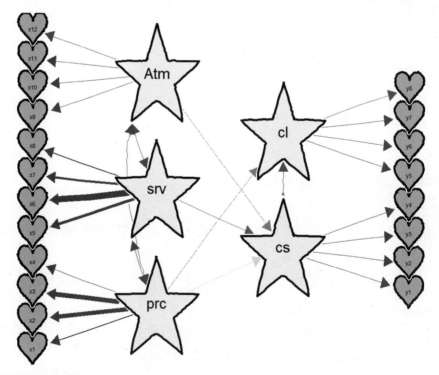

[그림 12-15] 색다른 경로도형

결과 해석 | 요인은 별표, 변수는 하트 모양으로 나타나 있음을 알 수 있다.

제2절 **구조방정식모델링의 Publishing**

2.1 구조방정식모델의 Publishing

연구자가 분석한 결과물을 타인에게 공개하고 싶을 경우, 왼쪽 하단의 Publish 버튼을 눌러 Repubs.com에 업로드할 수 있다. 자신의 분석 내용이나 연구 실적을 공개할 수 있는 장점이 있는 반면에 많은 사람이 볼 수 있는 단점이 있다.

앞에서 분석한 내용을 출판(Publish)하는 방법을 알아보자. 우선 ⟳ Publish 버튼을 누른다.

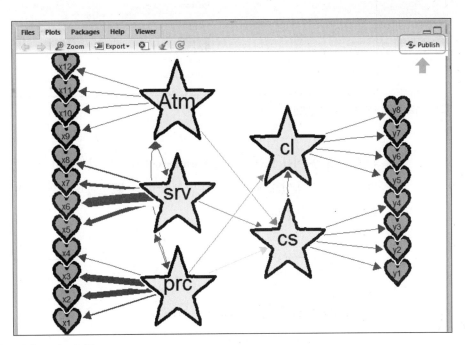

[그림 12-16] 색다른 경로도형

그러면 다음과 같은 그림을 얻을 수 있다.

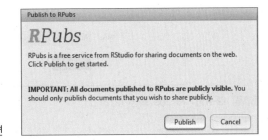

[그림 12-17] RPubs 첫 화면

Publish 버튼을 누르면 다음과 같은 화면을 얻을 수 있다.

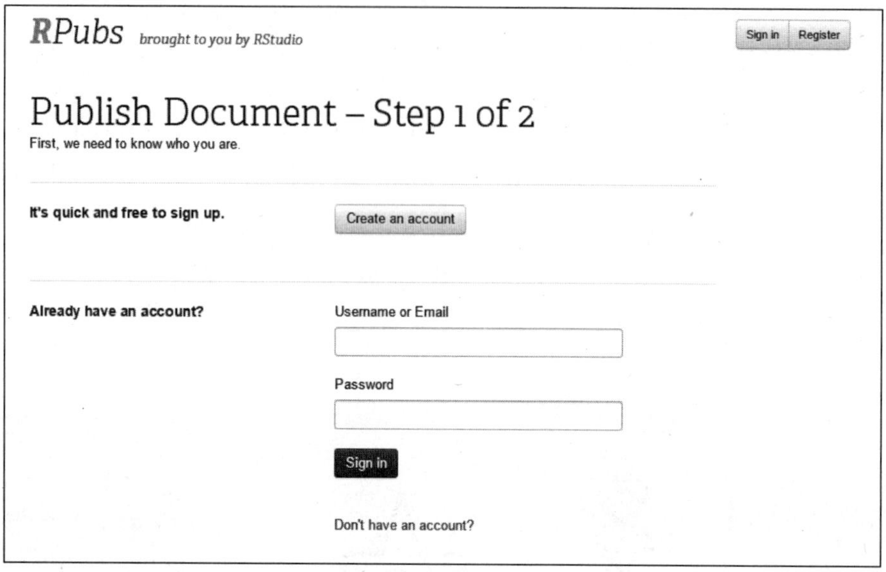

[그림 12-18] RPubs 화면 (1/2)

회원 가입 후 이름 또는 이메일(Usename or Email)을 입력하고 로그인을 한다. 회원 가입이 안 되어 있으면 먼저 등록을 해야 한다. Sign in 버튼을 누르면 다음과 같은 화면을 얻을 수 있다.

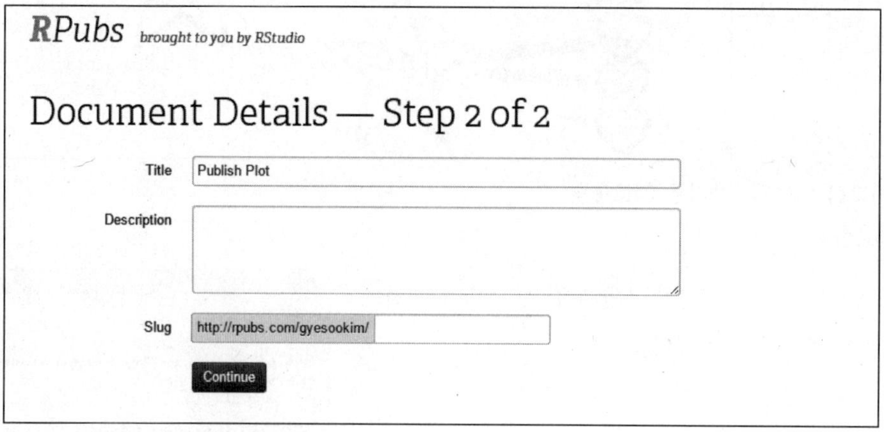

[그림 12-19] RPubs 화면 (2/2)

Continue 버튼을 누르면 다음과 같은 화면을 얻을 수 있다. 출판된 다음 그림을 얻을 수 있다.

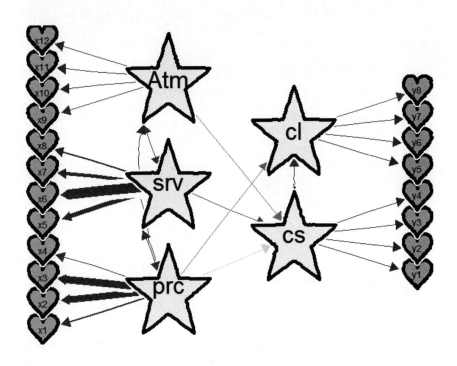

[그림 12-20] 출판 화면

결과 해석 ▌ 최근에 출판한 화면임을 알 수 있다. 연구자는 이 화면에서 그림 내용을 수정 또는 편집할 수 있다.

2.2 구조방정식모델 Knit 기능

연구 결과물을 편집하기 위해서 Knit 기능을 사용하면 편리하다. 먼저 File →
Knit(Ctrl + Shift + K) 버튼을 누른다. 그러면 다음과 같은 화면이 나타난다.

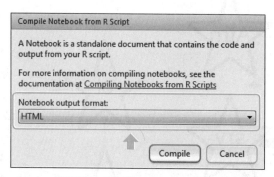

[그림 12–21] Complie Notebook from R script

Notebook output format:에서 드롭다운 버튼을 눌러, Ms Word 파일을 선택한 다
음 Compile 버튼을 누른다. 그러면 Ms Word 프로그램에 나타난 문서를 확인할 수
있다.

연습문제

1. exch7-2.R 파일을 이용하여 12장에서 다룬 다양한 그래픽을 나타내는 방법을 각자 연습해보자.

통계도표

표준정규분포표
t-분포표
χ^2-분포표
F-분포표

표준정규분포표

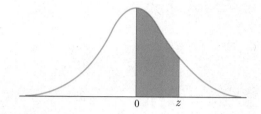

이 표는 $Z=0$에서 Z값까지의 면적을 나타낸다. 예를 들어, $Z=1.25$일 때 $0 \sim 1.25$ 사이의 면적은 0.395이다.

Z	.00	.01	.02	.03	.04	.05	.06	.07	.08	.09
0.0	.0000	.0040	.0080	.0120	.0160	.0199	.0239	.0279	.0319	.0359
0.1	.0398	.0438	.0478	.0517	.0557	.0596	.0636	.0675	.0714	.0753
0.2	.0793	.0832	.0871	.0910	.0948	.0987	.1026	.1064	.1103	.1141
0.3	.1179	.1217	.1255	.1293	.1331	.1368	.1406	.1443	.1480	.1517
0.4	.1554	.1591	.1628	.1664	.1700	.1736	.1772	.1808	.1844	.1879
0.5	.1915	.1950	.1985	.2019	.2054	.2088	.2123	.2157	.2190	.2224
0.6	.2257	.2291	.2324	.2357	.2389	.2422	.2454	.2486	.2517	.2549
0.7	.2580	.2611	.2642	.2673	.2704	.2734	.2764	.2794	.2823	.2852
0.8	.2881	.2910	.2939	.2967	.2995	.3023	.3051	.3078	.3106	.3133
0.9	.3159	.3186	.3212	.3238	.3264	.3289	.3315	.3340	.3365	.3389
1.0	.3413	.3438	.3461	.3485	.3508	.3531	.3554	.3577	.3599	.3621
1.1	.3643	.3665	.3686	.3708	.3279	.3749	.3770	.3790	.3810	.3830
1.2	.3849	.3869	.3888	.3907	.3925	.3944	.3962	.3980	.3997	.4015
1.3	.4032	.4049	.4066	.4082	.4099	.4115	.4131	.4147	.4162	.4177
1.4	.4192	.4207	.4222	.4236	.4251	.4265	.4279	.4292	.4306	.4319
1.5	.4332	.4345	.4357	.4370	.7382	.4394	.4406	.4418	.4429	.4441
1.6	.4452	.4463	.4474	.4484	.4495	.4505	.4515	.4525	.4535	.4545
1.7	.4554	.4564	.4573	.4582	.4591	.4599	.4608	.4616	.4625	.4633
1.8	.4641	.4649	.4656	.4664	.4671	.4678	.4686	.4693	.4699	.4706
1.9	.4713	.4719	.4726	.4732	.4738	.4744	.4750	.4756	.4761	.4767
2.0	.4772	.4778	.4783	.4788	.4793	.4798	.4803	.4808	.4812	.4817
2.1	.4821	.4826	.4830	.4834	.4838	.4842	.4846	.4850	.4856	.4857
2.2	.4861	.4864	.4868	.4871	.4875	.4878	.4881	.4884	.4887	.4890
2.3	.4893	.4896	.4898	.4901	.4904	.4906	.4909	.4911	.4913	.4916
2.4	.4918	.4920	.4922	.4925	.4927	.4929	.4931	.4932	.4934	.4936
2.5	.4938	.4940	.4941	.4943	.4945	.4946	.4948	.4949	.4951	.4952
2.6	.4953	.4955	.4956	.4957	.4959	.4960	.4961	.4962	.4963	.4964
2.7	.4965	.4966	.4967	.4968	.4969	.4970	.4971	.4972	.4973	.4974
2.8	.4974	.4975	.4976	.4977	.4977	.4978	.4979	.4979	.4980	.4981
2.9	.4981	.4982	.4982	.4983	.4984	.4984	.4985	.4985	.4986	.4986
3.0	.4987	.4987	.4987	.4988	.4988	.4989	.4989	.4989	.4990	.4990

t-분포표

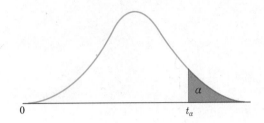

d.f.	$t_{0.25}$	$t_{.100}$	$t_{.050}$	$t_{.025}$	$t_{.010}$	$t_{.005}$
1	1,000	3,078	6,314	12,706	31,821	63,657
2	0,816	1,886	2,920	4,303	6,965	9,925
3	0,745	1,638	2,353	3,182	4,541	5,841
4	0,741	1,533	2,132	2,776	3,747	4,604
5	0,727	1,476	2,015	2,571	3,365	4,032
6	0,718	1,440	1,943	2,447	3,143	3,707
7	0,711	1,415	1,895	2,365	2,998	3,499
8	0,706	1,397	1,860	2,306	2,896	3,355
9	0,703	1,383	1,833	2,262	2,821	3,250
10	0,700	1,372	1,812	2,228	2,876	3,169
11	0,697	1,363	1,796	2,201	2,718	3,106
12	0,695	1,356	1,782	2,179	2,681	3,055
13	0,694	1,350	1,771	2,160	2,650	3,012
14	0,692	1,345	1,761	2,145	2,624	2,977
15	0,691	1,341	1,753	2,131	2,602	2,947
16	0,690	1,337	1,746	2,120	2,583	2,921
17	0,689	1,333	1,740	2,110	2,567	2,898
18	0,688	1,330	1,734	2,101	2,552	2,878
19	0,688	1,328	1,729	2,093	2,539	2,861
20	0,687	1,325	1,725	2,086	2,528	2,845
21	0,686	1,323	1,721	2,080	2,518	2,831
22	0,686	1,321	1,717	2,074	2,508	2,819
23	0,685	1,319	1,714	2,069	2,500	2,807
24	0,685	1,318	1,711	2,064	2,492	2,797
25	0,684	1,316	1,708	2,060	2,485	2,787
26	0,684	1,315	1,706	2,056	2,479	2,779
27	0684	1,314	1,703	2,052	2,473	2,771
28	0,683	1,313	1,701	2,048	2,467	2,763
29	0,683	1,311	1,699	2,045	2,464	2,756
30	0,683	1,310	1,697	2,042	2,457	2,750
40	0,681	1,303	1,684	2,021	2,423	2,704
60	0,697	1,296	1,671	2,000	2,390	2,660
120	0,677	1,289	1,658	1,980	2,358	2,617
∞	0,674	1,282	1,645	1,960	2,326	2,576

t-분포표 (계속)

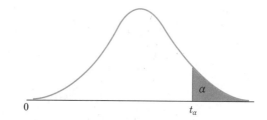

d.f.	$t_{0.0025}$	$t_{0.001}$	$t_{0.0005}$	$t_{0.00025}$	$t_{0.0001}$	$t_{0.00005}$	$t_{0.000025}$	$t_{0.00001}$
1	127.321	318.309	636.919	1,273.239	3,183.099	6,366.198	12,732.395	31,380.989
2	14.089	22.327	31.598	44.705	70.700	99.950	141.416	223.603
3	7.453	10.214	12.924	16.326	22.204	28.000	35.298	47.928
4	5.598	7.173	8.610	10.306	13.034	15.544	18.522	23.332
5	4.773	5.893	6.869	7.976	9.678	11.178	12.893	15.547
6	4.317	5.208	5.959	6.788	8.025	9.082	10.261	12.032
7	4.029	4.785	5.408	6.082	7.063	7.885	8.782	10.103
8	3.833	4.501	5.041	5.618	6.442	7.120	7.851	8.907
9	3.690	4.297	4.781	5.291	6.010	6.594	7.215	8.102
10	3.581	4.144	4.587	5.049	5.694	6.211	6.757	7.527
11	3.497	4.025	4.437	4.863	5.453	5.921	6.412	7.098
12	3.428	3.930	4.318	4.716	5.263	5.694	6.143	6.756
13	3.372	3.852	4.221	4.597	5.111	5.513	5.928	6.501
14	3.326	3.787	4.140	4.499	4.985	5.363	5.753	6.287
15	3.286	3.733	4.073	4.417	4.880	5.239	5.607	6.109
16	3.252	3.686	4.015	4.346	4.791	5.134	5.484	5.960
17	3.223	3.646	3.965	4.286	4.714	5.044	5.379	5.832
18	3.197	3.610	3.922	4.233	4.648	4.966	5.288	5.722
19	3.174	3.579	3.883	4.187	4.590	4.897	5.209	5.627
20	3.153	3.552	3.850	4.146	4.539	4.837	5.139	5.543
21	3.135	3.527	3.819	4.110	4.493	4.784	5.077	5.469
22	3.119	3.505	3.792	4.077	4.452	4.736	5.022	5.402
23	3.104	3.485	3.768	4.048	4.415	4.693	4.992	5.343
24	3.090	3.467	3.745	4.021	4.382	4.654	4.927	5.290
25	3.078	3.450	3.725	3.997	4.352	4.619	4.887	5.241
26	3.067	3.435	3.707	3.974	4.324	4.587	4.850	5.197
27	3.057	3.421	3.690	3.954	4.299	4.558	4.816	5.157
28	3.047	3.408	3.674	3.935	4.275	4.530	4.784	5.120
29	3.038	3.396	3.659	3.918	4.254	4.506	4.756	5.086
30	3.030	3.385	3.646	3.902	4.234	4.482	4.729	5.054
40	2.971	3.307	3.551	3.788	4.094	4.321	4.544	4.835
60	2.915	3.232	3.460	3.681	3.962	4.169	4.370	4.631
100	2.871	3.174	3.390	3.598	3.862	4.053	4.240	4.478
∞	2.807	3.090	3.291	3.481	3.719	3.891	4.056	4.265

χ^2-분포표

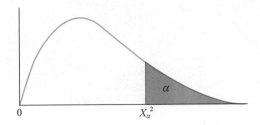

d.f.	$\chi_{0.990}$	$\chi_{0.975}$	$\chi_{0.950}$	$\chi_{0.900}$	$\chi_{0.500}$	$\chi_{0.100}$	$\chi_{0.050}$	$\chi_{0.025}$	$\chi_{0.010}$	$\chi_{0.005}$
1	0.0002	0.0001	0.004	0.02	0.45	2.71	3.84	5.02	6.63	7.88
2	0.02	0.05	0.10	0.21	1.39	4.61	5.99	7.38	9.21	10.60
3	0.11	0.22	0.35	0.58	2.37	6.25	7.81	9.35	11.34	12.84
4	0.30	0.48	0.71	1.06	3.36	7.78	9.49	11.14	13.28	14.86
5	0.55	0.83	1.15	1.61	4.35	9.24	11.07	12.83	15.09	16.75
6	0.87	1.24	1.64	2.20	5.35	10.64	12.59	14.45	16.81	18.55
7	1.24	1.69	2.17	2.83	6.35	12.02	14.07	16.01	18.48	20.28
8	1.65	2.18	2.73	3.49	7.34	13.36	15.51	17.53	20.09	21.95
9	2.09	2.70	3.33	4.17	8.34	14.68	16.92	19.02	21.67	23.59
10	2.56	3.25	3.94	4.87	9.34	15.99	18.31	20.48	23.21	25.19
11	3.05	3.82	4.57	5.58	10.34	17.28	19.68	21.92	24.72	26.76
12	3.57	4.40	5.23	6.30	11.34	18.55	21.03	23.34	26.22	28.30
13	4.11	5.01	5.89	7.04	12.34	19.81	22.36	24.74	27.69	29.82
14	4.66	5.63	6.57	7.79	13.34	21.06	23.68	26.12	29.14	31.32
15	5.23	6.26	7.26	8.55	14.34	22.31	25.00	27.49	30.58	32.80
16	5.81	6.91	7.96	9.31	15.34	23.54	26.30	28.85	32.00	34.27
17	6.41	7.56	8.67	10.09	16.34	24.77	27.59	30.19	33.41	35.72
18	7.01	8.23	9.39	10.86	17.34	25.99	28.87	31.53	34.81	37.16
19	7.63	8.91	10.12	11.65	18.34	27.20	30.14	32.85	36.19	38.58
20	8.26	9.59	10.85	12.44	19.34	28.41	31.14	34.17	37.57	40.00
21	8.90	10.28	11.59	13.24	20.34	29.62	32.67	35.48	38.93	41.40
22	9.54	10.98	12.34	14.04	21.34	30.81	33.92	36.78	40.29	42.80
23	10.20	11.69	13.09	14.85	22.34	32.01	35.17	38.08	41.64	44.18
24	10.86	12.40	13.85	15.66	23.34	33.20	36.74	39.36	42.98	45.56
25	11.52	13.12	14.61	16.47	24.34	34.38	37.92	40.65	44.31	46.93
26	12.20	13.84	15.38	17.29	25.34	35.56	38.89	41.92	45.64	48.29
27	12.83	14.57	16.15	18.11	26.34	36.74	40.11	43.19	46.96	49.64
28	13.56	15.31	16.93	18.94	27.34	37.92	41.34	44.46	48.28	50.99
29	14.26	16.05	17.71	19.77	28.34	39.09	42.56	45.72	49.59	52.34
30	14.95	16.79	18.49	20.60	29.34	40.26	43.77	46.98	50.89	53.67
40	22.16	24.43	26.51	29.05	39.34	51.81	55.76	59.34	63.69	66.77
50	29.71	32.36	34.76	37.69	49.33	63.17	67.50	71.42	76.15	79.49
60	37.48	40.48	43.19	46.46	59.33	74.40	79.08	83.30	88.38	91.95
70	45.44	48.76	51.74	55.33	69.33	85.53	90.53	95.02	100.43	104.21
80	53.54	57.15	60.39	64.28	79.33	96.58	101.88	106.63	112.33	116.32
90	61.75	65.65	69.13	73.29	89.33	107.57	113.15	118.14	124.12	128.30
100	70.06	74.22	77.93	82.36	99.33	118.50	124.34	129.56	135.81	140.17

F-분포표

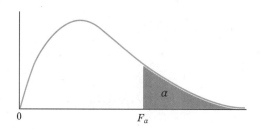

$\alpha=0.01$

d.f.	1	2	3	4	5	6	7	8	9
1	4052.0	4999.0	5403.0	5625.0	5764.0	5859.0	5928.0	5982.0	5022.0
2	98.50	99.00	99.17	99.25	99.30	99.33	99.36	99.37	99.39
3	34.12	30.82	29.46	28.71	28.24	27.91	27.67	27.49	27.34
4	21.20	18.00	16.69	15.98	15.52	15.21	14.98	14.80	14.66
5	16.26	13.27	12.06	11.39	10.97	10.67	10.46	10.29	10.16
	13.74								
6	13.74	10.92	9.78	9.15	8.75	8.47	8.26	8.10	7.98
7	12.25	9.55	8.45	7.85	7.46	7.19	6.99	6.84	6.72
8	11.26	8.65	7.59	7.01	6.63	6.37	6.18	6.03	5.91
9	10.56	8.02	6.99	6.42	6.06	5.80	5.61	5.47	5.35
10	10.04	7.56	6.55	5.99	5.64	5.39	5.20	5.06	4.94
11	9.65	7.21	6.22	5.67	5.32	5.07	4.89	4.74	4.63
12	9.33	6.93	5.95	5.41	5.06	4.82	4.64	4.50	4.39
13	9.07	6.70	5.74	5.21	4.86	4.62	4.44	4.30	4.19
14	8.86	6.51	5.56	5.04	4.69	4.46	4.28	4.14	4.03
15	8.68	6.36	5.42	4.89	4.56	4.32	4.14	4.00	3.89
16	8.53	6.23	5.29	4.77	4.44	4.20	4.03	3.89	3.78
17	8.40	6.11	5.18	4.67	4.34	4.10	3.93	3.79	3.68
18	8.29	6.01	5.09	4.58	4.25	4.01	3.84	3.71	3.60
19	8.18	5.93	5.01	4.50	4.17	3.94	3.77	3.63	3.52
20	8.10	5.85	4.94	4.43	4.10	3.87	3.70	3.56	3.46
21	8.02	5.78	4.87	4.37	4.04	3.81	3.64	3.51	3.40
22	7.95	5.72	4.82	4.31	3.99	3.76	3.59	3.45	3.35
23	7.88	5.66	4.76	4.26	3.94	3.71	3.54	3.41	3.30
24	7.82	5.61	4.72	4.22	3.90	3.67	3.50	3.36	3.26
25	7.77	5.57	4.68	4.18	3.85	3.63	3.46	3.32	3.22
26	7.72	5.53	4.64	4.14	3.82	3.59	3.42	3.29	3.18
27	7.68	5.49	4.60	4.11	3.78	3.56	3.39	3.26	3.15
28	7.64	5.45	4.57	4.07	3.75	3.53	3.36	3.23	3.12
29	7.60	5.42	4.54	4.04	3.73	3.50	3.33	3.20	3.09
30	7.56	5.39	4.51	4.02	3.70	3.47	3.30	3.17	3.07
40	7.31	5.18	4.31	3.83	3.51	3.29	3.12	2.99	2.89
60	7.08	4.98	4.13	3.65	3.34	3.12	2.95	2.82	2.72
120	6.85	4.79	3.95	3.48	3.17	2.96	2.79	2.66	2.56
∞	6.63	4.61	3.78	3.32	3.02	2.80	2.64	2.51	2.41

$\alpha = 0.01$

d.f.	10	15	20	24	30	40	60	120	∞
1	6056.0	6157.0	6209.0	6235.0	6261.0	6387.0	6313.0	6339.0	6366.0
2	99.40	99.43	99.45	99.46	99.47	99.47	99.48	99.49	99.50
3	27.23	26.87	26.69	26.60	26.50	26.41	26.32	26.22	26.12
4	14.55	14.20	14.02	13.93	13.84	13.74	13.65	13.56	13.46
5	10.05	9.72	9.55	9.47	9.38	9.29	9.20	9.11	9.02
6	7.87	7.56	7.40	7.31	7.23	7.14	7.06	6.97	6.88
7	6.62	6.31	6.16	6.07	5.99	5.91	5.82	5.74	5.65
8	5.81	5.52	5.36	5.28	5.20	5.12	5.03	4.95	4.86
9	5.26	4.96	4.81	4.73	4.65	4.57	4.48	4.40	4.31
10	4.85	4.56	4.41	4.33	4.25	4.17	4.08	4.00	3.91
11	4.54	4.25	4.10	4.02	3.94	3.86	3.78	3.69	3.60
12	4.30	4.01	3.86	3.78	3.70	3.62	3.54	3.45	3.36
13	4.10	3.82	3.66	3.59	3.51	3.43	3.34	3.25	3.17
14	3.94	3.66	3.51	3.43	3.35	3.27	3.18	3.09	3.00
15	3.80	3.52	3.37	3.29	3.21	3.13	3.05	2.96	2.87
16	3.69	3.41	3.26	3.18	3.10	3.02	2.93	2.84	2.75
17	3.59	3.23	3.16	3.08	3.00	2.92	2.83	2.75	2.65
18	3.51	3.23	3.08	3.00	2.92	2.84	2.75	2.66	2.57
19	3.43	3.15	3.00	2.92	2.84	2.76	2.67	2.58	2.49
20	3.37	3.09	2.94	2.86	2.78	2.69	2.61	2.52	2.42
21	3.31	3.03	2.88	2.80	2.72	2.64	2.55	2.46	2.36
22	3.26	2.98	2.83	2.75	2.67	2.58	2.50	2.40	2.31
23	3.21	2.93	2.78	2.70	2.62	2.54	2.45	2.35	2.26
24	3.17	2.89	2.74	2.66	2.58	2.49	2.40	2.31	2.21
25	3.13	2.85	2.70	2.62	2.54	2.45	2.36	2.27	2.17
26	3.09	2.81	2.66	2.58	2.50	2.42	2.33	2.23	2.13
27	3.06	2.78	2.63	2.55	2.47	2.38	2.29	2.20	2.10
28	3.03	2.75	2.60	2.52	2.44	2.35	2.26	2.17	2.06
29	3.00	2.73	2.57	2.49	2.41	2.33	2.23	2.14	2.03
30	2.98	2.70	2.55	2.47	2.39	2.30	2.21	2.11	2.01
40	2.80	2.52	2.37	2.29	2.20	2.11	2.02	1.92	1.80
60	2.63	2.35	2.20	2.12	2.03	1.94	1.84	1.73	1.60
120	2.47	2.19	2.03	1.95	1.86	1.76	1.66	1.53	1.38
∞	2.32	2.04	1.88	1.79	1.70	1.59	1.47	1.32	1.00

$\alpha=0.05$

d.f.	1	2	3	4	5	6	7	8	9
1	161.45	199.50	215.71	224.58	230.16	233.99	236.77	238.88	240.54
2	18.51	19.00	19.16	19.25	19.30	19.33	19.35	19.37	19.38
3	10.13	9.55	9.28	9.12	9.01	8.94	8.89	8.85	8.81
4	7.71	6.94	6.59	6.39	6.26	6.16	6.09	6.04	6.00
5	6.61	5.79	5.41	5.19	5.05	4.95	4.88	4.82	4.77
6	5.99	5.14	4.76	4.53	4.39	4.28	4.21	4.15	4.10
7	5.59	4.74	4.35	4.12	3.97	3.87	3.79	3.73	3.68
8	5.32	4.46	4.07	3.84	3.69	3.58	3.50	3.44	3.39
9	5.12	4.26	3.86	3.63	3.48	3.37	3.29	3.23	3.18
10	4.96	4.10	3.71	3.48	3.33	3.22	3.14	3.07	3.02
11	4.84	3.98	3.59	3.36	3.20	3.09	3.01	2.95	2.90
12	4.75	3.89	3.49	3.26	3.11	3.00	2.91	2.85	2.80
13	4.67	3.81	3.41	3.18	3.03	2.92	2.83	2.77	2.71
14	4.60	3.74	3.34	3.11	2.96	2.85	2.76	2.70	2.65
15	4.54	3.68	3.29	3.06	2.90	2.79	2.71	2.64	2.59
16	4.49	3.63	3.24	3.01	2.85	2.74	2.66	2.59	2.54
17	4.45	3.59	3.20	2.96	2.81	2.70	2.61	2.55	2.49
18	4.41	3.52	3.16	2.93	2.77	2.66	2.58	2.51	2.46
19	4.38	3.52	3.13	2.90	2.74	2.63	2.54	2.48	2.42
20	4.35	3.49	3.10	2.87	2.71	2.60	2.51	2.45	2.39
21	4.32	3.47	3.07	2.84	2.68	2.57	2.49	2.42	2.37
22	4.30	3.44	3.05	2.82	2.66	2.55	2.46	2.40	2.34
23	4.28	3.42	3.03	2.80	2.64	2.53	2.44	2.37	2.32
24	4.26	3.40	3.01	2.78	2.62	2.51	2.42	2.36	2.30
25	4.24	3.39	2.99	2.76	2.60	2.49	2.40	2.34	2.28
26	4.23	3.37	2.98	2.74	2.59	2.47	2.39	2.32	2.27
27	4.21	3.35	2.96	2.73	2.57	2.46	2.37	2.31	2.25
28	4.20	3.34	2.95	2.71	2.56	2.45	2.36	2.29	2.24
29	4.18	3.33	2.93	2.70	2.55	2.43	2.35	2.28	2.22
30	4.17	3.32	2.92	2.69	2.53	2.42	2.33	2.27	2.21
40	4.08	3.23	2.84	2.61	2.45	2.34	2.25	2.18	2.12
60	4.00	3.15	2.76	2.53	2.37	2.25	2.17	2.10	2.04
120	3.92	3.07	2.68	2.45	2.29	2.17	2.09	2.02	1.96
∞	3.84	3.00	2.60	2.37	2.21	2.10	2.01	1.94	1.88

$\alpha=0.05$

d.f.	10	15	20	24	30	40	60	120	∞
1	241,88	245,95	248,01	249,05	250,09	251,14	252,20	253,25	254,32
2	19,40	19,43	19,45	19,45	19,46	19,47	19,48	19,49	19,50
3	8,76	8,70	8,66	8,64	8,62	8,59	8,57	8,55	8,53
4	5,96	5,86	5,80	5,77	5,75	5,72	5,69	5,66	5,63
5	4,74	4,62	4,56	4,53	4,50	4,46	4,43	4,40	4,36
6	4,06	3,94	3,87	3,84	3,81	3,77	3,74	3,70	3,67
7	3,64	3,51	3,44	3,41	3,38	3,34	3,30	3,27	3,23
8	3,35	3,22	3,15	3,12	3,08	3,04	3,01	2,97	2,93
9	3,14	3,01	2,94	2,90	2,86	2,83	2,79	2,75	2,71
10	2,98	2,84	2,77	2,74	2,70	2,66	2,62	2,58	2,54
11	2,85	2,72	2,65	2,61	2,57	2,53	2,49	2,45	2,40
12	2,75	2,62	2,54	2,51	2,47	2,43	2,38	2,34	2,30
13	2,67	2,53	2,46	2,42	2,38	2,34	2,30	2,25	2,21
14	2,60	2,46	2,39	2,35	2,31	2,27	2,22	2,18	2,13
15	2,54	2,40	2,33	2,29	2,25	2,20	2,16	2,11	2,07
16	2,49	2,35	2,28	2,24	2,19	2,15	2,11	2,06	2,01
17	2,45	2,31	2,23	2,19	2,15	2,10	2,06	2,01	1,96
18	2,41	2,27	2,19	2,15	2,11	2,06	2,02	1,97	1,92
19	2,38	2,23	2,16	2,11	2,07	2,03	1,98	1,93	1,88
20	2,35	2,20	2,12	2,08	2,04	1,99	1,95	1,90	1,84
21	2,32	2,18	2,10	2,05	2,01	1,96	1,92	1,87	1,81
22	2,30	2,15	2,07	2,03	1,98	1,94	1,89	1,84	1,78
23	2,27	2,13	2,05	2,00	1,96	1,91	1,86	1,81	1,76
24	2,25	2,11	2,03	1,98	1,94	1,89	1,84	1,79	1,73
25	2,24	2,09	2,01	1,96	1,92	1,87	1,82	1,77	1,71
26	2,22	2,07	1,99	1,95	1,90	1,85	1,80	1,75	1,69
27	2,20	2,06	1,97	1,93	1,88	1,84	1,79	1,73	1,67
28	2,19	2,04	1,96	1,91	1,87	1,82	1,77	1,71	1,65
29	2,18	2,03	1,94	1,90	1,85	1,81	1,75	1,70	1,64
30	2,16	2,01	1,93	1,89	1,84	1,79	1,74	1,68	1,62
40	2,08	1,92	1,84	1,79	1,74	1,69	1,64	1,58	1,51
60	1,99	1,84	1,75	1,70	1,65	1,59	1,53	1,47	1,39
120	1,91	1,75	1,66	1,61	1,55	1,50	1,43	1,35	1,25
∞	1,83	1,67	1,57	1,52	1,46	1,39	1,31	1,22	1,00

$\alpha=0.10$

d.f.	1	2	3	4	5	6	7	8	9
1	39.86	49.50	53.59	55.83	57.24	58.20	58.91	59.44	59.86
2	8.53	9.00	9.16	9.24	9.26	9.33	9.35	9.37	9.38
3	5.54	5.46	5.39	5.34	5.31	5.28	5.27	5.25	5.24
4	4.54	5.32	4.19	4.11	4.05	4.01	3.98	3.95	3.94
5	4.06	3.78	3.62	3.52	3.45	3.40	3.37	3.34	3.32
6	3.78	3.46	3.29	3.18	3.11	3.05	3.01	2.98	2.96
7	3.59	3.26	3.07	2.96	2.88	2.83	2.78	2.75	2.72
8	3.46	3.11	2.92	2.81	2.73	2.67	2.62	2.59	2.56
9	3.36	3.01	2.81	2.69	2.61	2.55	2.51	2.47	2.44
10	3.28	2.92	2.73	2.61	2.52	2.46	2.41	2.38	2.35
11	3.23	2.86	2.66	2.54	2.45	2.39	2.34	2.30	2.27
12	3.13	2.81	2.61	2.48	2.39	2.33	2.28	2.24	2.21
13	3.14	2.76	2.56	2.43	2.35	2.28	2.23	2.20	2.16
14	3.10	2.73	2.52	2.39	2.31	2.24	2.19	2.15	2.12
15	3.07	2.70	2.49	2.36	2.27	2.21	2.16	2.12	2.09
16	3.05	2.67	2.46	2.33	2.24	2.18	2.13	2.09	2.06
17	3.03	2.64	2.44	2.31	2.22	2.15	2.10	2.06	2.03
18	3.01	2.62	2.42	2.29	2.20	2.13	2.08	2.04	2.00
19	2.99	2.61	2.40	2.27	2.18	2.11	2.06	2.02	1.98
20	2.97	2.59	2.38	2.25	2.16	2.09	2.04	2.00	1.96
21	2.96	2.57	2.36	2.23	2.14	2.08	2.02	1.98	1.95
22	2.95	2.56	2.35	2.22	2.13	2.06	2.01	1.97	1.93
23	2.94	2.55	2.34	2.21	2.11	2.05	1.99	1.95	1.92
24	2.93	2.54	2.33	2.19	2.10	2.04	1.98	1.94	1.91
25	2.92	2.53	2.32	2.18	2.09	2.02	1.97	1.93	1.89
26	2.91	2.52	2.31	2.17	2.08	2.01	1.96	1.92	1.88
27	2.90	2.51	2.30	2.17	2.07	2.00	1.95	1.91	1.87
28	2.89	2.50	2.29	2.16	2.06	2.00	1.94	1.90	1.87
29	2.89	2.50	2.28	2.15	2.06	1.99	1.93	1.89	1.86
30	2.88	2.49	2.28	2.14	2.05	1.98	1.93	1.88	1.85
40	2.84	2.44	2.23	2.09	2.00	1.93	1.87	1.83	1.79
60	2.79	2.39	2.18	2.04	1.95	1.87	1.82	1.77	1.74
120	2.75	2.35	2.13	1.99	1.90	1.82	1.77	1.72	1.68
∞	2.71	2.30	2.08	1.94	1.85	1.77	1.72	1.67	1.63

$\alpha=0.10$

d.f.	10	12	15	20	24	30	40	60	120	∞
1	60.20	60.71	61.22	61.74	62.00	62.26	62.53	62.79	63.06	63.83
2	9.39	9.41	9.42	9.44	9.45	9.46	9.47	9.47	9.48	9.49
3	5.23	5.22	5.20	5.18	5.18	5.17	5.16	5.15	5.14	5.13
4	3.92	3.90	3.87	3.84	3.83	3.82	3.80	3.79	3.78	3.76
5	3.30	3.27	3.24	3.21	3.19	3.17	3.16	3.14	3.12	3.10
6	2.94	2.90	2.87	2.84	2.82	2.80	2.78	2.70	2.74	2.72
7	2.70	2.67	2.63	2.59	2.58	2.56	2.54	2.51	2.49	2.47
8	2.54	2.50	2.46	2.42	2.40	2.38	2.36	2.34	2.32	2.29
9	2.42	2.38	2.34	2.30	2.28	2.25	2.23	2.21	2.18	2.16
10	2.32	2.28	2.24	2.20	2.18	2.16	2.13	2.11	2.08	2.06
11	2.25	2.21	2.17	2.12	2.10	2.08	2.05	2.03	2.00	1.97
12	2.19	2.15	2.10	2.06	2.04	2.01	1.99	1.96	1.93	1.90
13	2.14	2.10	2.05	2.01	1.98	1.96	1.93	1.90	1.88	1.85
14	2.10	2.05	2.01	1.96	1.94	1.91	1.89	1.86	1.83	1.80
15	2.06	2.02	1.97	1.92	1.90	1.87	1.85	1.82	1.79	1.76
16	2.03	1.99	1.94	1.89	1.87	1.84	1.81	1.78	1.75	1.72
17	2.00	1.96	1.91	1.86	1.84	1.81	1.78	1.75	1.72	1.69
18	1.98	1.93	1.89	1.84	1.81	1.78	1.75	1.72	1.69	1.66
19	1.96	1.91	1.86	1.81	1.79	1.76	1.73	1.70	1.67	1.63
20	1.94	1.89	1.84	1.79	1.77	1.74	1.71	1.68	1.64	1.61
21	1.92	1.88	1.83	1.78	1.75	1.72	1.69	1.66	1.62	1.59
22	1.90	1.86	1.81	1.76	1.73	1.70	1.67	1.64	1.60	1.57
23	1.89	1.84	1.80	1.74	1.72	1.69	1.66	1.62	1.59	1.55
24	1.88	1.83	1.78	1.73	1.70	1.67	1.64	1.61	1.57	1.53
25	1.87	1.82	1.77	1.72	1.69	1.66	1.63	1.59	1.56	1.52
26	1.86	1.81	1.76	1.71	1.68	1.65	1.61	1.58	1.54	1.50
27	1.85	1.80	1.75	1.70	1.67	1.64	1.60	1.57	1.53	1.49
28	1.84	1.79	1.74	1.69	1.66	1.63	1.59	1.56	1.52	1.48
29	1.83	1.78	1.73	1.68	1.65	1.62	1.58	1.55	1.51	1.47
30	1.82	1.77	1.72	1.67	1.64	1.61	1.57	1.54	1.50	1.49
40	1.76	1.71	1.66	1.61	1.57	1.54	1.51	1.47	1.42	1.38
60	1.71	1.66	1.60	1.54	1.51	1.48	1.44	1.40	1.35	1.29
120	1.65	1.60	1.54	1.48	1.45	1.41	1.37	1.32	1.26	1.19
∞	1.60	1.55	1.49	1.42	1.38	1.34	1.30	1.24	1.17	1.00

【1장 해답 】

1. 개인이 직접 해보세요.
2. 개인이 RStudio를 설치하고 확인해 보세요.

【2장 해답 】

1. 구글 드라이브를 설치하고 각자 설문지를 작성하여 관심 대상자에게 설문을 해보세요.

【3장 해답 】

1.
1) 추정회귀식 추정

– RStudio에서 다음과 같은 명령어를 입력하고 범위를 정하고 ⊡Run 버튼을 눌러 실행한다.

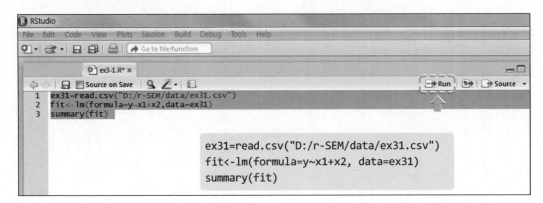

```
ex31=read.csv("D:/r-SEM/data/ex31.csv")
fit<-lm(formula=y~x1+x2, data=ex31)
summary(fit)
```

[데이터] ex3-1.R

```
Call:
lm(formula = y ~ x1 + x2, data = ex31)

Residuals:
        1        2        3        4        5        6        7        8
  1.0973  -3.1716   1.8705  -3.4177   0.9263   2.7645   0.1095  -0.1788

Coefficients:
            Estimate Std. Error t value Pr(>|t|)
(Intercept)  12.3378     4.2293   2.917  0.03312 *
x1            1.0615     0.2159   4.916  0.00441 **
x2           -0.3474     0.2875  -1.208  0.28094
---
Signif. codes:  0 '***' 0.001 '**' 0.01 '*' 0.05 '.' 0.1 ' ' 1

Residual standard error: 2.645 on 5 degrees of freedom
  (3 observations deleted due to missingness)
Multiple R-squared:  0.9197,    Adjusted R-squared:  0.8875
F-statistic: 28.62 on 2 and 5 DF,  p-value: 0.001829
```

∴ 추정회귀식: $\hat{y} = 12.3378 + 1.0615 \cdot x_1 - 0.3474 \cdot x_2$

2) $\alpha = 0.05$에서 $p = 0.00441$이므로 $x1$변수가 유의함을 알 수 있다.

3) 추정회귀식: $\hat{y} = 12.3378 + 1.0615 \cdot (8) - 0.3474 \cdot (9) = 17.7032$

【 4장 해답 】

1. 연구모델

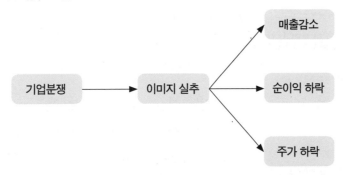

2.

1) 경로분석을 위해서 RStudio에서 다음과 같은 명령어를 입력한다.

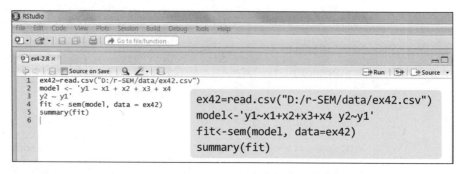

```
ex42=read.csv("D:/r-SEM/data/ex42.csv")
model<-'y1~x1+x2+x3+x4 y2~y1'
fit<-sem(model, data=ex42)
summary(fit)
```

[데이터] ex4-2.R

이어, **Packages** 창에서 ☑ lavaan 프로그램을 지정한다. 이어 명령어의 모든 범위를 마우스로 지정한 다음 ➡Run 버튼을 이용하여 실행한다.

2) 실행 결과물을 보면, x4변수(몰입정도)가 y1(호감도)에 유의한 영향을 미치며, 호감도(y1)는 채용의사(y2)에 유의한 영향을 미치는 것을 알 수 있다. 따라서 지원자들은 몰입정도, 즉 헌신하는 마음을 키우도록 해야 할 것이다.

```
lavaan (0.5-18) converged normally after  18 iterations

  Number of observations                          10

  Estimator                                       ML
  Minimum Function Test Statistic              7.985
  Degrees of freedom                               4
  P-value (Chi-square)                         0.092

Parameter estimates:

  Information                               Expected
  Standard Errors                           Standard

                   Estimate  Std.err  Z-value  P(>|z|)
Regressions:
  y1 ~
     x1           -0.454    0.342   -1.325    0.185
     x2            0.193    0.342    0.565    0.572
     x3            0.555    0.340    1.630    0.103
     x4            0.478    0.239    1.997    0.046
  y2 ~
     y1            1.250    0.238    5.241    0.000

Variances:
     y1            0.320    0.143
     y2            0.910    0.407
```

【 5장 해답 】

1. 구조방정식모델의 네 가지 성립 조건은 다음과 같다.

   – 병발발생조건(concomitant variation),

   – 시간적 우선순위(time order of occurrence),

   – 외생변수 통제(elimination of other possible causal factors),

   – 명징한 이론적 배경

2. 연구모형 적합성 및 경로 유의성 평가

회귀분석	구분		구조방정식모델
F분포 $P < \alpha = 0.05$, $R^2 = 0.4$ 이상	모델의 적합성	절대적합지수	χ^2, GFI(0.9 이상), AGFI(0.9 이상), RMR(0.05 이하), χ^2/df(3 이하)
		증분적합지수	NFI(0.9 이상), NNFI(0.9 이상)
		간명적합지수	AIC(낮을수록 모델의 설명력 우수하며 간명성 높음)
t값 $> \pm 1.96$	경로의 유의성		Z값 $> \pm 1.96$, t값 $> \pm 1.96$

【 6장 해답 】

1. RStudio 프로그램에서 다음과 같은 명령어를 입력한다. 이어 RStudio 오른쪽 하단 Packages 창에서 ☑ lavaan 과 ☑ semPlot 프로그램을 지정한다. 여기서 lavaan 프로그램은 구조방정식모델 프로그램, semPlot은 경로도형 그리기 구조방정식모델 분석 전문 프로그램이라고 생각하면 된다. 명령어의 모든 범위를 지정하고 ➡ Run 버튼을 누르면 실행된다. 그러면 다음과 같은 결과를 얻을 수 있다.

적합도 지수

Number of observations	309
Estimator	ML
Minimum Function Test Statistic	524.179
Degrees of freedom	160
P-value (Chi-square)	0.000
Model test baseline model:	
Minimum Function Test Statistic	6372.606
Degrees of freedom	190
P-value	0.000
User model versus baseline model:	
Comparative Fit Index (CFI)	0.941
Tucker-Lewis Index (TLI)	0.930
Loglikelihood and Information Criteria:	
Loglikelihood user model (H0)	-5571.923
Loglikelihood unrestricted model (H1)	-5309.834
Number of free parameters	50
Akaike (AIC)	11243.847
Bayesian (BIC)	11430.514
Sample-size adjusted Bayesian (BIC)	11271.934

Root Mean Square Error of Approximation:
RMSEA   0.086
90 Percent Confidence Interval   0.078 0.094
P-value RMSEA <= 0.05   0.000

Standardized Root Mean Square Residual:
SRMR   0.039

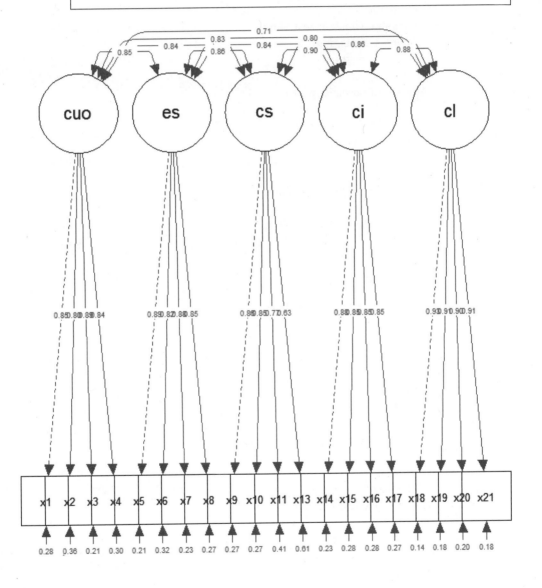

【 7장 해답 】

1.

1) 구조방정식모델 적합지수

Number of observations	932
Estimator	ML
Minimum Function Test Statistic	71.546
Degrees of freedom	6
P-value (Chi-square)	0.000
Model test baseline model:	
Minimum Function Test Statistic	2133.722
Degrees of freedom	15
P-value	0.000
User model versus baseline model:	
Comparative Fit Index (CFI)	0.969
Tucker-Lewis Index (TLI)	0.923
Loglikelihood and Information Criteria:	
Loglikelihood user model (H0)	-15246.680
Loglikelihood unrestricted model (H1)	-15210.906
Number of free parameters	15
Akaike (AIC)	30523.359
Bayesian (BIC)	30595.919
Sample-size adjusted Bayesian (BIC)	30548.281
Root Mean Square Error of Approximation:	
RMSEA	0.108
90 Percent Confidence Interval	0.087 0.131
P-value RMSEA <= 0.05	0.000
Standardized Root Mean Square Residual:	
SRMR	0.021

2) 경로의 유의성

			Estimate	Std.err	Z-value	P(>|z|)	경로의 유의성/가설채택 여부
연구가설	Regressions:						
	alien71 ~						
		alien67	0.705	0.054	13.170	0.000	가설채택
		ses	-0.174	0.054	-3.232	0.001	가설채택
	alien67 ~						
		ses	-0.614	0.056	-10.879	0.000	가설채택

2. 다음과 같이 명령어를 입력한다. 이어 RStudio 오른쪽 하단 Packages 창에서 ☑ lavaan 과 ☑ semPlot 프로그램을 지정한다. 여기서 lavaan 프로그램은 구조방정식모델 프로그램, semPlot은 경로도형 그리기 구조방정식모델 분석 전문 프로그램이라고 생각하면 된다. 명령어의 모든 범위를 지정하고 ⇨ Run 버튼을 누르면 실행된다. 그러면 다음과 같은 결과를 얻을 수 있다.

```
exdata=read.csv("D:/r-SEM/data/exdata.csv")
model <- 'cuo =~ x1 + x2 + x3 + x4
es =~ x5 + x6 + x7 + x8
cs =~ x9 + x10 + x11 + x13
ci =~ x14 + x15 + x16 + x17
cl =~ x18 + x19 + x20 + x21
ci ~ cuo + cs
es ~ cuo + ci
cs ~ cuo + es
cl ~ cs'
fit <- sem(model, data=exdata)
summary(fit, fit.measure=TRUE)
diagram<-semPlot::semPaths(fit,
                whatLabels="std", intercepts=FALSE, style="lisrel",
                nCharNodes=0,
                nCharEdges=0,
                curveAdjacent = TRUE,title=TRUE, layout="tree2",curvePivot=TRUE)
```

[데이터] exch7-2.R

가설검정

			Estimate	Std.err	Z-value	P(>|z|)		가설채택여부
	Regressions:							
연구가설	ci ~							
H3	cuo		0.146	0.072	2.022	0.043		채택
H6	cs		0.769	0.095	8.067	0.000		채택
	es ~							
H1	cuo		0.784	0.182	4.313	0.000		채택
H7	ci		-0.028	0.244	-0.116	0.908		기각
	cs ~							
H2	cuo		0.240	0.139	1.725	0.085		기각
H5	es		0.652	0.176	3.705	0.000		채택
	cl ~							
H4	cs		1.052	0.056	18.835	0.000		채택

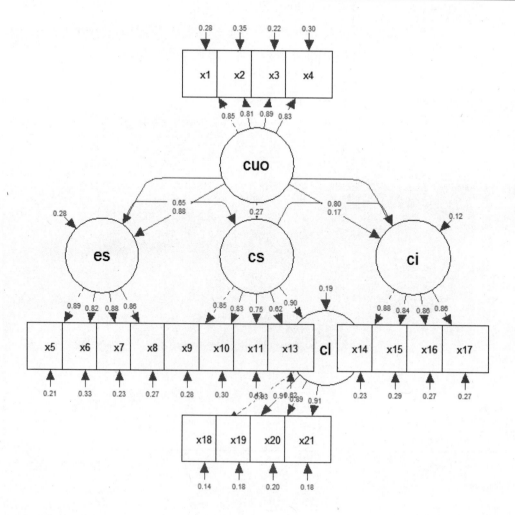

【 8장 해답 】

1. 각자 아래의 파일을 실행해보고 해석해보자.

```
 1  exdata=read.csv("D:/r-SEM/data/exdata.csv")
 2  model <- 'cuo =~ x1 + x2 + x3 + x4
 3  es =~ x5 + x6 + x7 + x8
 4  cs =~ x9 + x10 + x11 + x13
 5  ci =~ x14 + x15 + x16 + x17
 6  cl =~ x18 + x19 + x20 + x21
 7  ci ~ cuo + cs
 8  es ~ cuo + ci
 9  cs ~ cuo + es
10  cl ~ es'
11  fit <- sem(model, data=exdata, group="sex")
12  summary(fit, fit.measure=TRUE)
13  diagram<-semPlot::semPaths(fit,
14                             whatLabels="std", intercepts=FALSE, style="lisrel",
15                             nCharNodes=0,
16                             nCharEdges=0,
17                             curveAdjacent = TRUE,title=TRUE, layout="tree2",curvePivot=TRUE)
18
```

[데이터] exch8–1.R

【 9장 해답 】

1.

```
lavaan (0.5-18) converged normally after  12 iterations

  Number of observations                          100

  Estimator                                        ML
  Minimum Function Test Statistic               0.000
  Degrees of freedom                                0
  Minimum Function Value          0.0000000000000

Parameter estimates:

  Information                                 Expected
  Standard Errors                             Standard

                 Estimate  Std.err  Z-value  P(>|z|)
Regressions:
  Y ~
    X        (c)    0.036    0.104    0.348    0.728
  M ~
    X        (a)    0.474    0.103    4.613    0.000
  Y ~
    M        (b)    0.788    0.092    8.539    0.000

Variances:
    Y              0.898    0.127
    M              1.054    0.149

Defined parameters:
    ab             0.374    0.092    4.059    0.000
    total          0.410    0.125    3.287    0.001
```

간접효과$(a \times b)$는 $\alpha = 0.05 < p = 0.00$이므로 유의함을 알 수 있다.

2. 다음의 파일을 분석하면 총효과(직접효과+간접효과)를 계산할 수 있다.

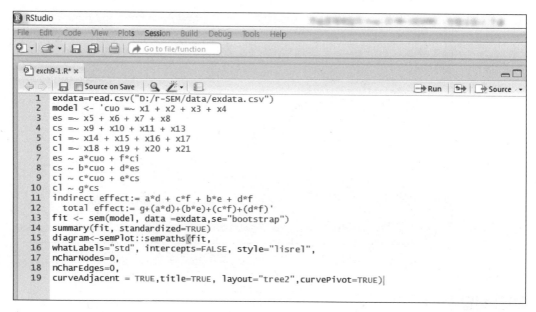

```
 1  exdata=read.csv("D:/r-SEM/data/exdata.csv")
 2  model <- 'cuo =~ x1 + x2 + x3 + x4
 3  es =~ x5 + x6 + x7 + x8
 4  cs =~ x9 + x10 + x11 + x13
 5  ci =~ x14 + x15 + x16 + x17
 6  cl =~ x18 + x19 + x20 + x21
 7  es ~ a*cuo + f*ci
 8  cs ~ b*cuo + d*es
 9  ci ~ c*cuo + e*cs
10  cl ~ g*cs
11  indirect effect:= a*d + c*f + b*e + d*f
12    total effect:= g+(a*d)+(b*e)+(c*f)+(d*f)'
13  fit <- sem(model, data =exdata,se="bootstrap")
14  summary(fit, standardized=TRUE)
15  diagram<-semPlot::semPaths(fit,
16  whatLabels="std", intercepts=FALSE, style="lisrel",
17  nCharNodes=0,
18  nCharEdges=0,
19  curveAdjacent = TRUE,title=TRUE, layout="tree2",curvePivot=TRUE)
```

[데이터] exch9–1.R

1,000회의 bootstrap 실시 결과, 다음과 같은 간접효과와 총효과 결과를 얻을 수 있다.

		Estimate	Std.err	Z-value	P(>|z|)	Std.lv	Std.all
Defined parameters:							
indirecteffct		0.673	0.152	4.438	0.000	0.767	0.767
totaleffect		1.725	0.147	11.759	0.000	1.669	1.669

【 10장 해답 】

1.

① 비조건모델을 실행하기 위해서 [데이터] exch10-1.R을 실행한다.

```
1  ex10=read.csv("D:/r-SEM/data/ex10.csv")
2  model <- '
3  i =~ 1*x1 + 1*x2 + 1*x3 + 1*x4
4  s =~ 0*x1 + 1*x2 + 2*x3 + 3*x4'
5  fit <- growth(model, data =ex10)
6  summary(fit)
7  diagram<-semPlot::semPaths(fit,
8                             whatLabels="std", intercepts=FALSE, style="lisrel",
9                             nCharNodes=0,
10                            nCharEdges=0,
11                            curveAdjacent = TRUE,title=TRUE, layout="tree2",curvePivot=TRUE)
12
```

[데이터] exch10-1.R

```
lavaan (0.5-18) converged normally after  45 iterations

  Number of observations                          10

  Estimator                                       ML
  Minimum Function Test Statistic              8.891
  Degrees of freedom                               5
  P-value (Chi-square)                         0.114

Parameter estimates:

  Information                               Expected
  Standard Errors                           Standard

                    Estimate  Std.err  Z-value  P(>|z|)
Latent variables:
  i =~
    x1                 1.000
    x2                 1.000
    x3                 1.000
    x4                 1.000
  s =~
    x1                 0.000
    x2                 1.000
    x3                 2.000
    x4                 3.000

Covariances:                                        ❶
  i ~~
    s                  0.276    0.171    1.613    0.107

Intercepts:                                         ❷
    x1                 0.000
    x2                 0.000
    x3                 0.000
    x4                 0.000
    i                  3.089    0.511    6.051    0.000
    s                  0.902    0.094    9.567    0.000.

Variances:
    x1                 0.322    0.206
    x2                 0.141    0.088
    x3                 0.141    0.089
    x4                 0.006    0.117
    i                  2.464    1.167
    s                  0.072    0.048
```

상수항(i)와 기울기(s)의 공분산은 0.276이고 표준오차(std.err)는 0.171이고, 이에 대한 z값은 1.613이고 확률(p)=0.107>α = 0.05에서 유의하지 않음을 알 수 있다. 평균을 이용한 추정식은 다음과 같다.

$$t_i = 3.089(i) + 0.902(s) + 오차$$

$$t_1 = 3.089(1) + 0.902(0) + 오차$$

$$t_2 = 3.089(1) + 0.902(1) + 오차$$

$$t_3 = 3.089(1) + 0.902(2) + 오차$$

$$t_4 = 3.089(1) + 0.902(3) + 오차$$

② 실행력(e)에 따른 독서량의 변화를 알아보기 위한 조건모델을 분석하여 보자.

```
1  ex10=read.csv("D:/r-SEM/data/ex10.csv")
2  model <- '
3  i =~ 1*x1 + 1*x2 + 1*x3 + 1*x4
4  s =~ 0*x1 + 1*x2 + 2*x3 + 3*x4
5  i~e
6  s~e'        ⬅ 조건모델 1변수 투입
7  fit <- growth(model, data =ex10)
8  summary(fit)
9  diagram<-semPlot::semPaths(fit,
10                      whatLabels="std", intercepts=FALSE, style="lisrel",
11                      nCharNodes=0,
12                      nCharEdges=0,
13                      curveAdjacent = TRUE,title=TRUE, layout="tree2",curvePivot=TRUE)
14 |
```

[데이터] exch10-2.R

```
lavaan (0.5-18) converged normally after  46 iterations

  Number of observations                          10

  Estimator                                       ML
  Minimum Function Test Statistic              9.238
  Degrees of freedom                               7
  P-value (Chi-square)                         0.236

Parameter estimates:

  Information                                Expected
  Standard Errors                            Standard

                   Estimate  Std.err  Z-value  P(>|z|)
Latent variables:
  i =~
    x1              1.000
    x2              1.000
    x3              1.000
    x4              1.000
  s =~
    x1              0.000
    x2              1.000
    x3              2.000
    x4              3.000

Regressions:
  i ~
    e               0.655    0.074    8.902    0.000
  s ~
    e               0.074    0.036    2.064    0.039

Covariances:
  i ~~
    s               0.039    0.054    0.723    0.470

Intercepts:
    x1              0.000
    x2              0.000
    x3              0.000
    x4              0.000
    i              -0.624    0.452   -1.380    0.168
    s               0.470    0.220    2.142    0.032

Variances:
    x1              0.286    0.173
    x2              0.168    0.090
    x3              0.128    0.084
    x4              0.021    0.119
    i               0.136    0.140
    s               0.046    0.040
```

결과 해석 실행력(e)로부터 i(상수항)로의 회귀계수는 0.655로 유의함을 알 수 있다 ($p=0.000<\alpha=0.05$). 반면에 실행력(e)로부터 s(기울기)로의 회귀계수는 0.074로 양의 방향으로 유의함을 알 수 있다($p=0.039<\alpha=0.05$). 이는 실행력이 높을수록 독서량이 증가함을 알 수 있다.

【 11장 해답 】

1. 아래와 같이 명령어를 입력한다. 조형지표인 경우 ' cuo<~ x1 + x2 + x3 + x4'
로 표시함을 잊으면 안 된다. 나머지 반영지표는 기존과 동일하다.

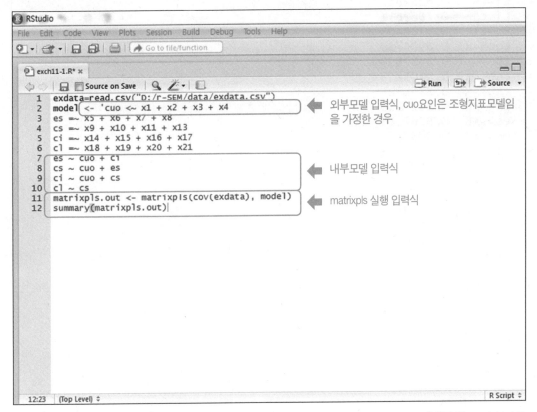

[데이터] exch11-1.R

패키지에서 ☑ lavaan 과 ☑ matrixpls 를 지정한 다음, 명령어의 모든 범위를 지
정하고 ⇨ Run 버튼을 누르면 결과를 얻을 수 있다.

```
matrixpls parameter estimates
          Estimate
es~cuo   0.4676546
cs~cuo   0.3687448
ci~cuo   0.3704098
cs~es    0.4752462
ci~cs    0.5252612
cl~cs    0.7862611
es~ci    0.4208493
cuo=~x1  0.8904739
cuo=~x2  0.8587890
cuo=~x3  0.9105255
cuo=~x4  0.8768329
es=~x5   0.9211150
es=~x6   0.8764115
es=~x7   0.9057867
es=~x8   0.8882248
cs=~x9   0.8894963
cs=~x10  0.8674789
cs=~x11  0.8568252
cs=~x13  0.7429139
ci=~x14  0.9050938
ci=~x15  0.8811227
ci=~x16  0.8974533
ci=~x17  0.8988867
cl=~x18  0.9415680
cl=~x19  0.9314157
cl=~x20  0.9235346
cl=~x21  0.9310358


matrixpls weights
          x1        x2        x3        x4        x5        x6        x7        x8
cuo 0.2760515 0.2870134 0.2901200 0.2777471 0.0000000 0.0000000 0.0000000 0.0000000
es  0.0000000 0.0000000 0.0000000 0.0000000 0.2811168 0.2501730 0.2885433 0.2932207
cs  0.0000000 0.0000000 0.0000000 0.0000000 0.0000000 0.0000000 0.0000000 0.0000000
ci  0.0000000 0.0000000 0.0000000 0.0000000 0.0000000 0.0000000 0.0000000 0.0000000
cl  0.0000000 0.0000000 0.0000000 0.0000000 0.0000000 0.0000000 0.0000000 0.0000000
          x9        x10       x11       x13       x14       x15       x16       x17
cuo 0.0000000 0.0000000 0.0000000 0.0000000 0.0000000 0.0000000 0.0000000 0.0000000
es  0.0000000 0.0000000 0.0000000 0.0000000 0.0000000 0.0000000 0.0000000 0.0000000
cs  0.3286416 0.3321198 0.2855542 0.2354210 0.0000000 0.0000000 0.0000000 0.0000000
ci  0.0000000 0.0000000 0.0000000 0.0000000 0.2862561 0.2745439 0.2791637 0.2764175
cl  0.0000000 0.0000000 0.0000000 0.0000000 0.0000000 0.0000000 0.0000000 0.0000000
          x18       x19       x20       x21
cuo 0.0000000 0.0000000 0.0000000 0.0000000
es  0.0000000 0.0000000 0.0000000 0.0000000
cs  0.0000000 0.0000000 0.0000000 0.0000000
ci  0.0000000 0.0000000 0.0000000 0.0000000
cl  0.2732692 0.2710509 0.2610146 0.2676390
```

```
Weight algorithm converged in 4 iterations.

 Total Effects (column on row)
          cuo        es        cs        ci
es 0.7878197 0.1173883 0.2470052 0.4702521
cs 0.7431531 0.5310345 0.1173883 0.2234855
ci 0.7607593 0.2789318 0.5869207 0.1173883
cl 0.5843124 0.4175318 0.8785590 0.1757180

 Direct Effects
          cuo        es        cs        ci
es 0.4676546 0.0000000 0.0000000 0.4208493
cs 0.3687448 0.4752462 0.0000000 0.0000000
ci 0.3704098 0.0000000 0.5252612 0.0000000
cl 0.0000000 0.0000000 0.7862611 0.0000000

 Indirect Effects
          cuo         es         cs          ci
es 0.3201651 0.11738828 0.24700521 0.04940278
cs 0.3744083 0.05578833 0.11738828 0.22348552
ci 0.3903495 0.27893183 0.06165951 0.11738828
cl 0.5843124 0.41753178 0.09229784 0.17571798

            <중간생략>


 Residual-based fit indices
                             Value
Communality                  0.28799053
Redundancy                   0.18725905
SMC                          0.66342754
RMS outer residual covariance 0.05607663
RMS inner residual covariance 0.08151383
SRMR                         0.05333952
SRMR_Henseler                0.05148155

 Absolute goodness of fit: 0.7254842

 Composite Reliability indices
      cuo        es        cs        ci        cl
0.9348514 0.9433887 0.9059148 0.9419474 0.9635132

 Average Variance Extracted indices
      cuo        es        cs        ci        cl
0.7820887 0.8064857 0.7074484 0.8022479 0.8684573

 AVE - largest squared correlation
        cuo         es         cs          ci          cl
0.16142887 0.18582587 0.06659624 0.11949896 0.18570839
```

【 12장 해답 】

1. 12장 본문 명령어를 이용해서 각자 실행해보자.

찾아보기 Index